每日箴言：一句话改变人生

慢不等于就是低效，而是人间万事的平衡之道。
——星云大师

绘本典藏版

每日箴言：
一句话改变人生

MEIRI ZHENYAN YIJUHUA GAIBIAN RENSHENG

宿文渊 ———— 编 著

江西美术出版社
全国百佳出版单位

图书在版编目（ＣＩＰ）数据

每日箴言：一句话改变人生 / 宿文渊 编著. -- 南昌：
江西美术出版社,2017.7（2019.1重印）
ISBN 978-7-5480-5468-9

Ⅰ.①每… Ⅱ.①宿… Ⅲ.①人生哲学—通俗读物
Ⅳ.①B821-49

中国版本图书馆CIP数据核字(2017)第112540号

每日箴言：一句话改变人生　　　　宿文渊 编著

出 版：江西美术出版社

社 址：南昌市子安路66号 邮编：330025

电 话：0791-86566329

发 行：010-88893001

印 刷：深圳市彩美印刷有限公司

版 次：2017年10月第1版

印 次：2019年1月第2次印刷

开 本：880mm×1230mm 1/32

印 张：10

ISBN ：978-7-5480-5468-9

定 价：36.00元

前　言

　　人生就像一次任重而道远的旅行，处处存在困难与挫折，有时我们会因为困难或挫折而失去信心，甚至放弃对美好生活的追求。如果在恰当的时刻，恰当的时机有一句点亮人生的话来勤勉、来警醒、来温暖、来帮助我们，我们就能重拾信心、战胜困难。这就是一句话的力量。每一只蝴蝶，都好似一朵花的轮回；每一句话语，又仿佛是人生前进的旗杆。有时我们会错过、会轻视、会忽略，但它的力量是真实存在的，只要你懂得思之、悟之。一句心灵悟语，足以让我们受益一生。因为它是经验、是教训、是情理、是光芒、是雨露，是一双充满信任的目光。

　　一句话可以使人顿悟，一句话可以催人泪下，一句话可以影响一个人的一生。人生是人类永恒的主题，古往今来，哲人志士，众说纷纭，感慨良多。海伦·凯勒凭借"把活着的每一天都看作是生命的最后一天，也许这真的是最后一天"，不仅改变了自己的世界，同时，自己的散文代表作《假如给我三天光明》以一个身残志坚的柔弱女子的视角，告诫身体健全的人们应珍惜生命，珍惜造物主赐予的一切，也给千千万万生活在这个世界上的人们带去了光明。贝多芬凭借"我要扼住命运的咽喉"，谱写出人类精神上最强硬的《命运交响曲》，激起我们对人生遭遇的满腹感慨与深深的沉思。这位听不见的巨人，为18世纪的古典乐坛掀起了阵阵狂澜。海明威凭借"一个人可以被消灭，但永远不能被打败"的坚定信念，以站着写作的独特习惯完成了巅峰之作《老人与海》，成就了他在文学史上的地位。这位"文坛硬汉"被誉为美利坚民族的精神丰碑，并且还是"新闻体"小说的创始人。而伟大的亚历山大大帝只凭借"希望"两个字，就敢为自己的理想抛下所有财产远征波斯。这位具有雄才伟略、勇于善战的军事天才，使得古希腊文明广泛传播……一句激励人心的话，一句给人启迪的话，一句让人豁然开朗的话，一句让我们享用一生的话，如一缕缕天籁之音感染着我们，仿佛人生路上的一盏明灯，照亮我们一辈子！

　　一语天然足显真淳，一言而出天地有春。当然，言还要精当，须要有哲思。青蛙彻夜而鸣，人为之烦躁；雄鸡适时而啼，天下即刻大白；媚弱之力，却可移山；星星之火，可以燎原；滴水之力，亦可穿石；珠玑之字，亦含其理。在生命盛放的过程中，一句饱含哲理的话，足以让我们迸发出无穷的力量。"骐骥一跃，不能十步，驽马十驾，功在不舍。"荀子《劝学》中的一句话，却能够跨越历史，走进永恒。回首历史的长河，无数人在这句话的鼓舞下，昂扬向上，力争上游，最终获得了成功。"三人行，必有我师焉。择其善者而从之，其不善者而改之。"让我们走进孔子的文化世界，在中华民族几千年的历史中，无数人在孔子思想的影响下茁壮成长，创出自我、创出辉煌。"但愿人长久，千里共婵娟。"每当中秋之夜，月圆之时，你是否会想起那些不在身边的亲人呢？你是否会想起心中的他（她）呢？望着月光如水般的洒向天际，你心中是否有一丝的伤感流过心田呢？眉宇间是否荡漾着如水如丝、如痴如醉的哀愁呢？伤感过后是否也会从明月中看到希望呢？看似简简单单的一句话，却道尽了人世间的缕缕情怀、点点柔情……人生路漫漫，往事如烟。在那逝去的岁月中，在人们纷繁的记忆里，有什么让我们刻骨铭心？又有什么使我们久久难忘？除了历历在目的往事，就是那一句句震撼心灵、充满人生智慧的话语。

有一种生活，你没有经历过就不知道其中的艰辛；有一种艰辛，你没有体会过就不知道其中的快乐；有一种快乐，你没有拥有过就不知道其中的纯粹。每个人的生活中都会有一些最关键的时刻，这些时刻我们会称之为人生的关口。在这些人生的关口上，也许一件小小的事情就会改变以后的人生轨迹。对很多人来说，在这个关口上，有时仅仅是一句话，就起到决定性的作用，让人受益终生。成功，从读懂一句话开始！读懂一句话，并真正顿悟，就可以少走很多弯路，往往就此改变你的一生。

《每日箴言：一句话改变人生》精选近140句点亮人生的智慧悟语。它们大多是古今中外在各个领域取得过卓越成绩的哲学家、政界要人、著名企业家、著名学者、励志专家、科学家、文学家等，他们有尼采、叔本华、苏格拉底、庄子、老子、孔子、孟子、荀子、拿破仑、列宁、松下幸之助、比尔·盖茨、戴尔·卡耐基、歌德、雨果、蒙田、苏轼……他们在某个伟大的时刻发出了让世界为之动容的声音，他们用行动记录了人生、亲情、友情、爱情、美德、历史，无不令我们深深感动，也让我们明白了一个人的快乐、幸福和责任。本书涵盖了立志、成功、思维、性格修养、学习、补救缺陷、对待挫折、把握机遇、事业、幸福、爱情、友谊、健康、生命态度、为人处世等最受读者关注的人生热点话题，文章通过精彩论述和经典小故事的完美结合，使得这些闪烁着智慧的话语更加生动有趣、说理透彻、耐人寻味。文章文字简练，语言优美，通俗易懂，老少皆宜，更是青年朋友们的良师益友。文中的先哲教诲、名人名言以及人生感悟，闪烁着哲学思想光芒的警句、名言，是最宝贵的经验积累，是值得我们学习和借鉴的法宝。仔细揣摩这些经典的心灵悟语，会带给我们意想不到的收获，让我们做任何事都有事半功倍的效果。

目录
CONTENTS

第一篇 人生，诗意的栖居地

第三篇　这辈子只能这样了吗

第四篇　你幸福了吗

第五篇　健康，上帝赐予人类最珍贵的礼物

第六篇 舍与得，人生最大的选择题

第七篇 人际交往：己所不欲，勿施于人

第八篇 修养：做一个有灵魂的人

第九篇 追逐缪斯之神

第十篇　事业：灵魂安身立命的时空

第十一篇 揭开财富的面纱

第十二篇 友情是调味品，也是止痛药

第十三篇 爱情：情为何物，竟让人放不下

第十四篇 婚姻：知己知彼，琴瑟和谐

第十五篇 家庭是爱的大学堂，痛的疗养地

第一篇

人生，
诗意的栖居地

PART 01
认识你自己

聪明的人只要能认识自己，便什么也不会失去

——尼采

智慧悟语

在繁杂纷乱的现代社会中，人们或为学业孜孜以求，或为生计四处奔波，或陷入爱情旋涡无法自拔，或为生活中的琐事烦躁不已。你有没有觉得自己越来越像机器，每日按部就班，却几乎从未真正体验过自己的内心？我们所体验的自己，实际上是他人认为我们"应该是怎样"的人。你是否曾发出"我迷失了"的感叹？

也许你在事业上颇有成就，是众人眼中的成功人士。然而，是否有一天你的心头突然袭来一阵莫名的空虚，你感觉自己无所依傍，眼前所追求的一切似乎都失去了意义？你不清楚自己究竟得到了什么。你想到自己很久没回家陪家人度周末了，你看到曾经最痴迷的吉他早已蒙上了灰尘。也许你是一个平凡无奇，毫不引人注意的人，当你看到身边的人生活得多姿多彩时，你忍不住问："为什么我的生活这样乏味？好机会为什么不眷顾我？"不论你是前者还是后者，总免不了感慨自己没有这个，失去那个，最终连自我也找不到了。

老子云："知人者智，自知者明。"看清自己是我们成功的必然，这样我们就不会因为外界的变化而迷迷糊糊。如果能对自己明察秋毫，那么你就能感受到自己的充实饱满。做一个认识自己的聪明人，你就"什么也不会失去"。

点亮人生

直到今天，真正认识自己的人又有多少呢？

哲学家叔本华在参加一次名流云集的沙龙时，他精彩的演讲使在座的人们赞叹不已。

一位贵妇人忍不住问道："先生，您真是一位杰出的人物，您能告诉我您是谁吗？"

"我是谁？"叔本华停了一下说道，"如果有谁能告诉我这一点就好了。"

现实生活中，科学技术日益发展，人们对未知的世界的了解日趋丰富，却开始与自身背道而驰。我们始终在向外追寻，却恰恰忽略了自己，忘记时反观自己的内心。所以常常可以见到，有些人谈事时高谈阔论，做事时却束手无策；有些人过于自信和自重，也有些人往往自轻自贱；有些人身处顺境时便心安理得，陷入困境时又自暴自弃；有些人喜欢批评别人，却最容易原谅自己。如果我们不了解自己，等待我们的便是迷惘和失败。

许多人面对"自我评价"时往往字尽词穷，反而问身边的人"你觉得我是怎样一个人呢"。六祖慧能曾对前去问禅的人说："问路的人是因为不知道去路，如果知道，还用问吗？生命的本原只有自己能够看到，因为你迷失了，所以你才来问我有没有看到你的生命。"当人迷失在对自我的找寻中，又怎能以一种坦然与平和的心境迎接生命更多的挑战？

认识自己并非一件易事，需像登山一样一步一步跋涉。但在这个过程中，你将发现每前进一步都会看到更美丽的风景。

人应尊敬自己，并应自视能配得上最高尚的东西

——黑格尔

智慧悟语

生活中，总有些人惯于拿自己的短处比他人的长处，越比越觉得己不如人，渐渐变得自卑起来。自卑者通常一味地专注于自己的弱点和不足，对自身的能力和素质评价偏低。自卑感的产生，其根源在于不能接受用现实中的实际状况或尺度来衡量自己，却愿意相信或假定应该达到的某种标准来认识自己。

妄自菲薄同妄自尊大其实一样，都会扰乱正常的视线，令你看不到真实、完整的自己。当一个人自卑到完全否定自我的程度时，就会觉着自己只是站在他人的光芒的阴影下，围困在他人的气息中，失去了自我的风姿，失去了

自我的芳香，变成一个木讷愚蠢的人。

词人林夕有一句话写得好：谁都是造物者的光荣。世界上的每一个生灵都有其闪光点。无论人或物，完美无缺和一无是处都是不存在的。一个人也许逻辑思维不强，也没有熟练掌握各种语言的天赋，但他在人际交往方面却有特殊的本领，知人善任，有高超的组织能力；也许一个人对数理化一窍不通，但他想象力丰富，善写作、绘画；也许一个人对音乐反应迟钝，但有一双极其灵巧的手，能编织各种各样的饰物……

每个人都是独一无二的，亦正因此而有权利好好地活在这个世界上。自己先要看得起自己，心怀"天生我材必有用"的浩然之气，发现优势，善待不足，描绘出一幅色彩斑斓、明暗均匀的自画像。

点亮人生

其实，一些人的自卑感之所以如此强烈，很多时候与内心的贪婪和旺盛的占有欲有密切关系。当看到他人身上的某种优点，自己十分希望拥有它，却发觉几乎不可能拥有的时候，内心深处就很可能生出一股沮丧，一种难以自我救赎的绝望。于是，自身所拥有的优点都因思维受此蒙蔽而遭抹杀，自卑感自然产生了。人性的弱点，诸如怯懦、猜疑、嫉妒，等等，皆可因严重的自卑感而衍生，贻害无穷。

20世纪六七十年代的中国乒坛上，曾出现一颗新星。她的身体素质出色，平时训练极为刻苦。年仅19岁的她就已成为国家队的主力选手，在各项比赛上取得优秀成绩，前途一片光明。

她曾两度逼近世界冠军的巅峰，却又两次败下阵来。1962年，与日本选手比赛前夕，因为担心自己输掉比赛，又担心同伴超过自己，她竟用水果刀划破自己的手，还将同伴的球拍丢进水箱，却谎称有人袭击破坏。1964年的北京八国乒乓球邀请赛中，她在连胜两局的大好情况下，因对手追上几分，便心慌手软，越怕越输，越输越怕，很快连输三局，败给对手。此后，她再也没能取得如当年一样辉煌的成绩。乒坛新星就这样昙花一现，很快陨落了。

那名乒乓球新星的自卑，使她单纯觉得自己不及对手，反而看不到自己辛勤训练而来的出众球技，导致最终的悲剧。承认他人的优点并且加以欣赏、赞美，这固然是一种良好的品质。以此试图来改善自己，本亦无可厚非。但纯粹拿他人的优势来贬低、否定自我，陷入自卑的误区，就实在是无谓之举。

大可不必老是将自己同他人比，尤其莫拿自己的短处比他人的长处，更莫贪求拥有他人之长。"任他怎说安守我本分"，自己的分量自己心中有数，那么你的人生字典中就没有"自卑"二字。

森林里当然有许多参天大树，可也有许多野花、小草。野花虽娇弱，却独具幽香；小草虽绵软，但亦能滴翠。自卑者应该坦然面对自己。内心深处坦然了，便自会耳聪目明，把自己的容颜看得清楚，将自己的心声听得明白，潇洒人生，不过如此。

骏马能历险，犁田不如牛；坚车能载重，渡河不如舟

——顾嗣协

智慧悟语

千里马能跋山涉水，却没有老牛耕田的本领；车子能承载重物驰骋平川，却不能有舟泛河上的能耐。清代著名诗人顾嗣协的这段话富有寓意。上帝

对于每一个人都是公平的，在你拥有了某一样东西的时候必然会让你失去另一样东西。有的人坐拥万贯家财但没有健康的体魄，有的人没有羞花闭月般的美貌却拥有着非比寻常的智慧，有的人没有魔鬼般的身材却有着天籁般的歌喉……

现实生活中，为什么有的人在平凡的工作中，却干出了不平凡的业绩，而有的人终生都一事无成呢？问题不在一个人的"天赋"有多高，而在于人们常常难以认清自身拥有的、最突出的、上天赠予的、不同于别人的优秀本能。不论处于什么样的困境，每个人都要相信自己身上永远有着一张拿得出手的牌，在生活中不断地发掘自身的潜力、认识自我，就可以在关键的时候打出这张王牌而获胜。

人们常常不明白自己身上最突出的是什么，存在于自己身上的财富是什么，所以迷茫不堪。每个人的身上都有着自己独特的地方，倘若我们能够充分了解自己较之于别人出色的地方，再了解自身最有特色的地方，存在于每个人自身的宝藏如果有一天被发掘出来，从而充分发挥出来，那么人生自会过得多姿多彩。那么它的威力会是很大的。

点亮人生

想成功就要扬长避短，最大限度地发挥自己的优势。只有发挥自己的优势，避开自己的劣势，才能很好地利用自己手中的牌。

每个生灵都有自己独特的天赋。我们应该做的是将自己的长处发挥到极致，而不是每天在"人无完人"的感叹中虚度光阴。如果你能扬长避短、顺势而为，将自己的优势发挥得淋漓尽致，就会事半功倍、如鱼得水；如果你选择了与自身爱好、兴趣、特长"背道而驰"的职

业，那么，即使后天再勤奋弥补，耗费了九牛二虎之力，也是事倍功半，难以补拙。因为，才干是一个人所具备的贯穿人生始终且能产生效益的感觉和行为模式，它是先天和早期形成的，一旦定型就很难改变，无法培训。而优势，通俗的说法是一个人天生做一件事能比其他人做得好。因此，你应该知道自身的优势是什么，并将自己的生活、工作和事业发展建立在这个优势之上，这样方能成功。

一个10岁的小男孩，在一次车祸中失去了左臂，但他很想学柔道。最终，小男孩拜一位日本柔道大师做了师傅，开始学习柔道。他学得不错，可是练了3个月，师傅只教了他一招，小男孩有点弄不懂。他终于忍不住问师傅："我是不是应该再学学其他招式？"师傅回答说："不错，你的确只会一招，但你只需要会这一招就够了。"小男孩并不是很明白，但他很相信师傅，于是就继续照着练了下去。几个月后，师傅第一次带小男孩去参加比赛。小男孩自己都没想到居然轻松地赢得了前两轮。第三轮稍稍有点艰难，但对手还是很快就变得有些急躁，连连进攻，小男孩敏捷地施展出自己的那一招，又赢了。就这样，小男孩进入了决赛。

决赛的对手比小男孩高大、强壮许多，也似乎更有经验。一度小男孩显得有点招架不住，裁判担心小男孩会受伤，就叫了暂停，还打算就此终止比赛，然而师傅不答应，坚持说："继续下去！"比赛重新开始后，对手放松了戒备，小男孩立刻使出他的那一招，制服了对手，赢得了冠军。回家的路上，小男孩和师傅一起回顾每场比赛的每一个细节，小男孩鼓起勇气道出了心里的疑问："师傅，我怎么就凭一招就赢得了冠军？"师傅答道："有两个原因：第一，你几乎完全掌握了柔道中最难的一招；第二，就我所知，对付这一招唯一的办法是对手抓住你的左臂。"

小男孩最大的劣势变成了他最大的优势。

要辩证地对待并理性地坚持，既看到积极优势的一面，又要看到消极劣势的不足，充分发挥长处。上帝为你关上一扇门，一定会给你打开另一扇窗。真正的强者懂得在失败之后，找到原因，扬长避短，充分发挥自己的优势反败为胜，取得成功。

君子慎独

——《礼记》

智慧悟语

"慎独"一词最早出自《礼记·中庸》："道也者，不可须臾离也，可离非道也。是故君子戒慎乎其所不睹，恐惧乎其所不闻。莫见乎隐，莫显乎微。故君子慎其独也。"

在《大学》中也说："所谓诚其意者，毋自欺也。如恶恶臭，如好好色，此之谓自谦。故君子必慎其独也。"这段话就是说，所谓使自己的意念诚实，就是说不要自己欺骗自己。就如同厌恶污秽的气味那样不要欺骗自己，就如同喜爱美丽的女子那样不要欺骗自己，这就叫作让自己对自己满意。所以君子为了让自己对自己满意，就一定会独自面对自己的内心。

慎独的前提是心静，如果一个人的时候总是浮想联翩，在心中滋生贪念，同时心浮气躁，那么慎独就变成了一句空话。

一个人在只有自己的时候，才会显露最真实的自己。因为独处时无须应酬他人，无须为了考虑他人的感受而伪装自己，可以无拘无束，可以安然闲适。任何人都想有这样独立无束的空间，然而，当人们越是放纵自己不受管制，反而更容易做出离经叛道的行为。因此，当我们处在"独"的生活条件时，极需要"慎"来律己，这就是"慎独"一词的含义。

点亮人生

曾国藩在逝世前，总结自己一生的处世经验，写了著名的"日课四条"，即：慎独、主敬、求仁、习劳。在这四条里，慎独是根本。如果能把慎独的功夫做好，那么在其他的场合就能游刃有余。

曾国藩开始了他真正的"慎独"的修养历程是在道光二十二年十月初一日。那一天，他拜访了倭艮峰先生，他日记中这样记载："拜倭艮峰前辈，先生言'研几'功夫最要紧。颜子之有不善，未尝不知，是知几也……"所谓"知几"，这是《易经》中的话，几者，动之微也，也就是内心深处每一个念头的活动；每一个念头都自己察知，叫作"知几"，与"慎独"的意思差不多，在倭艮峰先生的督促下，他每天都学着倭艮峰先生的样子，静坐，读《易经》，写日记检查自己的心理、行为。

他在这一段时期给自己确定的十二条日课，第二条就是"静坐"："每日不拘何时，静坐半时，体验来复之仁心。正位凝命，如鼎之镇。"

曾国藩在静坐时为了提高自己的心性修养。而我们今天亦有许多人学静坐，多半是求一些身体上的效应，这是很低的一个层次。曾国藩的静坐却很快从这一层次突破出来，他的静坐是对人生的一种沉淀的表现，不过他能将静坐提升到心境修养的地步，与他深厚的理论素养和高远的人生理想还是有关的，一般人很难做到。

曾国藩在日记里记载了一件事情："昨天夜里梦到有人得到好处，很是羡慕。醒后狠狠地批评自己，可见好利之心竟已跟随到梦中去了，怎能卑鄙到这种程度呢？真是下流啊！"

原来，曾国藩一天晚上梦到一位同僚得到肥差和赏赐，不禁暗暗羡慕。第二天醒来，他回忆起自己的梦境，想到自己这样容易为利所动，日后能不见利而忘义吗？自己原来功利心居然这么强！他一边自责一边就下定决心要改掉，随后又拿着日记到唐鉴老师那里认错悔改。

一个人当他心浮气躁的时候，根本就不可能觉察出自己的毛病；一旦稍稍入静，就会恍然大悟，自己原来是如此不像话。这就真正开始有自知之明了，而这一觉悟，正是转凡入圣最关键的一步。随着静功的深入，就不必特别借助于静坐，也能时时警觉，每一个不像话的念头，都难逃自己的洞鉴，为善去恶，就可以步步落实了。

PART 02
人在旅途，
心安即家

孤独是所有杰出人物的命运
——叔本华

智慧悟语

马克思一生漂泊流离，他在大英图书馆，在自己的小书房中孜孜不倦，历时40年，完成了《资本论》；达尔文孤身踏上贝格尔号舰，进行环球旅行，用20年时间写出《物种起源》；托尔斯泰为理想而生活，常年居住在郊外的小屋中，老年更是独自外出流浪，用37年时间写成《战争与和平》；司马迁痛遭宫刑，在屈辱中用15年的时间写成《史记》；李时珍行医救人，常常远涉深山旷野，遍访名医宿儒，用27年写出《本草纲目》；徐霞客只身游走于大江山河，用34年写成《徐霞客游记》；曹雪芹一世孤凄，批阅十载，增删五次，著成《红楼梦》。漫长的不只是岁月，还有他们坚守自我的历程。杰出的人物，传世的名著，是在多年的孤独中练就而成。没有风光煊赫，没有前呼后拥，只有清灯一盏，孤身上路，却成就了不朽。

"论至德者不和于俗，成大功者不谋于众"。凡成就大业者都是能耐得住寂寞的，他们在寂寞、冷清、单调中扎扎实实地做学问、在反反复复的冷静思索和数次实践中获得成就。

每个人都会遇到寂寞、孤独，关键在于你是否能耐得住寂寞，享受孤独，不断充实、完善自己，从而寂寞得心安，孤独得快乐。只有经过沉默修养和孤独洗礼的人，才能捕捉到人生的真正底蕴。

点亮人生

耐得住寂寞，是所有成就事业者共同遵循的一个原则。它以踏实、厚重、沉思的姿态作为特征，以一种严谨、严肃、严峻的表象，追求着一种人生的目标。当这种目标价值得以实现时，仍不喜形于色，而是以更寂寞的人生态度去探求实现另一奋斗目标的途径。浮躁的人生是与之相悖的，它以历来不甘寂寞和一味地追赶时髦为特征，有着一种强烈的功利主义驱使。浮躁的向往，浮躁的追逐，只能产出浮躁的果实。这果实的表面或许是绚丽多彩的，却并不具有实用价值和交换价值。

耐得住寂寞是一种难得的品质，不是与生俱来，也不是一成不变，它需要长期的艰苦磨炼和凝重的自我修养、完善。耐得住寂寞是一种有价值、有意义的积累，而耐不住寂寞是对宝贵人生的挥霍。

在当今喧嚣的社会中，寂寞，其实是一种清福，是一种难得的感受。轻轻地关上门窗，隔去

外界的喧闹，一个人独处，细心品味寂寞的滋味。许多人抱怨生活的压力太大，感到内心烦躁，不得清闲。于是，追求清静成了许多人的梦想，却害怕寂寞。寂寞并不可怕，只要能暂时放下心中的惦念，真心体味，寂寞也是一种清静，而且比清静更有价值。

一位西方哲人说："世界上最强的人，也就是最孤独的人。只有最伟大的人，才能在孤独寂寞中完成他的使命。"古语云："居不幽者思不广，形不愁者思不远。"意思是智高者需要静静地同自己的心灵悄悄地对话，要忍受得住孤独和寂寞。能够毕生忍受孤独的人，能在孤独中不懈追求人生价值、不断创造成果的人，是最令人钦佩的。

寂寞是辉煌的前奏，人不独处，就不会有冷静而缜密的思考，不能忍受孤独、寂寞的人是绝对干不成大事的。孤独，就是将生命中最后的力量留给自己，在孤独中寻求自我，实现自我。

伟大的心像海洋一样，永远不会封冻
——白尔尼

智慧悟语

人的心灵应保持弹性。所谓保持心灵的弹性，是指做人做事能屈能伸。刚硬的玻璃，虽然明澈，却经不起顽石的一击；细柔的藤条，因其坚韧，才使它充满活力。在一些场合，如在大是大非的原则上，做人应该像玻璃一样刚硬

透明，但在一些细小的问题上，做人又必须像细柔的藤条一样，显示它的灵活性与多变性。所谓静水流深，平静不是静止，而是安详地涌动。如冰封一般的心灵，僵硬而冷酷，拥有这样一颗心灵的人，不仅会感觉自己活得累，也会使周围的人也感到很累。

点亮人生

每个人都试图选择一种轻松的生活方式，可波动的生活又常常让人心力交瘁，加上意外的打击，生命的意义变得模糊。一旦缺乏弹性，生命更成了易碎品。追求心灵的轻松和自由，过内心宽松的日子，并非游戏人生，轻松的感觉可以让生命减少消费。要想尽可能多地获得别人的认同和接受，就需要保持心灵的弹性，只有轻松才能使彼此都享受到和谐的快乐。

心灵没弹性，就是一块实心的铁砣，这样的心灵不会充满生机和活力，也无法接受别人的建议。

无论是身处佳境还是面临不幸，都要学会放松自我，既不受名利之累，也不为逆境所困。以弹性的心灵带给他人所需的慰藉和喜悦，也能慰藉内心的安宁。

"壁立千仞，无欲则刚。"一味地刚硬，就接近于鲁莽；保持心灵的弹性，才能使心情舒畅，柔弱也可以胜刚强。

此心安处是吾乡

—— 苏轼

智慧悟语

苏轼的友人王定国有一名歌女，名叫柔奴，眉目娟丽，善于应对，其家世代居住京师，后王定国迁官岭南，柔奴随之，多年后，复随王定国还

京。苏轼拜访王定国时见到柔奴，问她："岭南的风土应该不好吧？"不料柔奴却答道："此心安处，便是吾乡。"苏轼闻之，心有所感，遂填词一首，这首词的后半阕是："万里归来年愈少，微笑，笑时犹带岭梅香。试问岭南应不好？却道：此心安处是吾乡。"在苏轼看来，偏远荒凉的岭南不是一个好地方，柔奴却能像生活在故乡京城一样处之安然。从岭南归来的柔奴，看上去似乎比以前更加年轻，笑容仿佛带着岭南梅花的馨香，这便是随遇而安，并且是心灵之安的结果了。

"此心安处是吾乡"，多么好的一句话！柔奴身处荒僻之地，她也没有痛苦、绝望过。身体的漂泊固然愁苦，可是倘若有一颗安定平和的心，那么在这世界上就决不孤凄；她不需要别人来为她营造一种家的氛围，而是靠内心的温暖，找到了许许多多世俗家庭中都没有的勇气与温馨。无论城市还是乡村，无论顺境抑或逆境，无论富裕或者贫穷，都要找到一个让自己心安的支点，那是你幸福的根源所在，是安妥你灵魂的精神家园。

在现代都市里，城市空间不断膨胀，生存压力不断增加，而人的心灵空间却不断缩小，小的不能存放自我的灵魂。当穿梭于城市中的混凝土建筑时，城市的高楼大厦遮住了我们的视线，更封锁了我们的心灵，生活在城市里的人群，灵魂缺少了自由飞翔的勇气，人们不停地在都市穿行，而在灵魂深处，却没有精神意义上的家园，或许当早出的那一刻，灵魂已开始游荡。当傍晚来临时，拖着疲惫的身心回到家里，再一次把自己封存起来。在漫漫黑夜中，游弋的灵魂并没有停止，在灯红酒绿的背后，再也找不到灵魂驻足的空间。

当人们在不停地寻找情感的寄托时，希望有一个心灵长久的驻足地。何不解开心锁，以一种达观的心态面对人生，那么，蓦然回首会发现，任何一处便是存放心灵的家园，此心安处是吾乡。

点亮人生

浮躁的都市中，匆匆行走的人们，似乎没有片刻的驻足。迷茫的眼神

中，充斥着无奈。一颗心何处安放，游弋的灵魂，不知何处栖息。而游走在无数的都市中，却没有自己精神上的驻足地。内心深处才知道，这些原来是别人的。古人云："储水万担，用水一瓢；广厦千间，夜卧六尺；家财万贯，日食三餐。"贪欲无用而有害，当正心诚意，追求精神的富足。

心安，须常戒浮躁之心。心浮气躁，则易失心智，使人难以做出正确的决断，不能潜心静气地干自己该干的事，或急功近利，随波逐流。或患得患失，怨天尤人。或迷失自我，身心疲惫。如此不但于工作事业有害，于自己亦是苦不堪言。唯有戒浮戒躁，静思于工作图的是什么，做的是否科学正确，才会不受干扰、不受诱惑，脚踏实地、坚定不移地干下去，如此必心安。安在尽责尽职地实干事、干实事、干成事。

心安，要常弃非分之想。有的人梦想一鸣惊人，一步登天，总是恨职位低、恨收入少，就是不知自己几斤几两。非分之想，表面上看是心态的问题，实际上是世界观、人生观、价值观的问题，事关人生的根本。一些人或为名所累，或为利而忧，或享乐至上，或以丑为美，在人生的道路上走了这样那样的弯路，关键就是没有将人生的方向把握好。每个人都应当正确看待个人的荣辱得失，得意时不忘形，落魄时不沉沦。宠辱不惊，静看花开花落；得失无意，漫随云卷云舒，这才是应有的境界和胸怀。正如白居易所言："我生本无乡，身安是归处。"

PART 03
常将宽心慰自心

不要让我祈求免遭危难，而是让我能大胆地面对它们

——泰戈尔

智慧悟语

我们从小就学会了做游戏，在不断战胜挫折与失败中获取刺激与欢乐。假如没有挫折与失败，再好的游戏也会索然无味。人们玩游戏，是寻找娱乐，是带着挑战的心情去面对游戏中的困难与挫折，面对强大的对手，不断地损伤受挫，但越是如此，越会兴头十足。

人生就如一场游戏，我们作为其中的玩家，真的能像对待现实的游戏一样对待它吗？试想，倘若人们在生活中，也有这么一种积极向上的游戏心态，那么失败后，就不会显得那般沉重和压抑。既然如此，我们为何不将挫折变成一种游戏，那样便会让痛苦沮丧的心情超然快活起来。二者其实并无差别，只是人们在游戏中身心放松，而在生活中过于紧张。每个人的路都不一样，但命运对每个人都是公平的，有得必有失，就看你能不能将心放宽，多往好处想。

人可以没有名利、没有金钱，但必须拥有美好的心情。将生活中的挫折和困难视为游戏，不是为了游戏人生，而是为了以积极的心态面对现实，从而

克服困难。笑看忧愁，笑看人生，如此而已！

点亮人生

一个病入膏肓的妇人，整天想象死亡的恐怖，心情坏到了极点。哲学家蓝姆·达斯去安慰她，说："你是不是可以不要花那么多时间去想怎么死，而把这些时间用来考虑如何快乐地度过剩下的时间呢？"

他刚对妇人说时，妇人显得十分恼火，但当她看出蓝姆·达斯眼中的真诚时，便慢慢地领悟着他话中的诚意。"说得对，我一直都在想着怎么死，完全忘了该怎么活了。"她略显高兴地说。

一个星期之后，那妇人还是去世了，她在死前对蓝姆·达斯说："这一个星期，我活得比前一阵子幸福多了。"

"苦乐无二境，迷悟非两心。"妇人学会了往好处想，坦然面对死亡。

鲁迅说："伟大的胸怀，应该表现出这样的气概——用笑脸来迎接悲惨的命运，用百倍的勇气来应付自己的不幸。"在我们的生活中，倘若遭遇到不幸与痛苦，别忘了用笑脸来迎接它们，抓住属于你自己的欢乐。

很多文学家有一个共识：当人类自野蛮踏过了文明的门槛时，就有了"相思"，有了回归大自然的永恒的"乡愁"冲动。在这份永恒的冲动中，找

寻快乐是一个万古长青的话题。

托尔斯泰在他的散文名篇《我的忏悔》中讲了这样一个故事：

有个女人叫玛赛尔，曾陪同从军的丈夫一起来到拉美的一片沙漠之中。当丈夫外出训练时，她常常孤零零地独自住在被沙漠包围着的铁皮房子里，有时，甚至很长时间也收不到丈夫的一封来信。她深感寂寞，虽然当地有土著人、印第安人和墨西哥人，但他们皆不懂英语，无法陪她说话，她为此深感痛苦。

恰在此时，远方父母的一封来信给了她极大的鼓舞。信极短，却充满了哲理："两个人从牢房的铁窗望出去，一个看到了坟墓，一个看到了星星。"她于是恍然大悟，决定在茫茫沙漠里寻找瑰丽的星星。她开始努力学习当地的语言，努力与当地人交朋友，努力收集各类土产，努力研究当地的一切，包括土拨鼠和仙人掌。仅仅过了几天，她就深切地体会到，她的生活已经变得充实无比。第二年，她还将她的收获一一整理成文，出版了一本叫作《快乐的城堡》的书。她兴奋无比，她果然在茫无边际的寂寞中找到了"星星"，她再也不必长吁短叹了！

生命进程中，当痛苦、绝望、不幸和危难向你逼近的时候，你是否还能静下心去享受一下野草莓的滋味？"苦海无边"是小农经济的哲学，"尘世永远是苦海，天堂才有永恒的快乐"是禁欲主义编撰的用以蛊惑人心的谎言，苦中求乐才是快乐的真谛。

宽容产生的道德上的震动比责罚产生的要强烈得多

——苏霍姆林斯基

智慧悟语

在人的一生中，难免会遇到一些对自己充满敌意的人。他们可能当面中伤自己，也可能背后陷害自己。对此我们到底应该怎么面对？是以牙还牙，还是报以微笑、仁慈和爱？世上真正伤人的并不是别人的冷言恶语，而是发自自己内心的诅咒。诅咒别人，不能宽恕，上天也不会因为你的这种情绪而加罪于他人。是是非非，终有因果轮回。林语堂先生说，宽之者比罚之者有福。宽恕不是懦弱，不是向邪恶和诡计低头，而是去原谅那些伤痛与仇恨，是自己内心高尚和强大起来的证明。

平常的生活中，有的人今天记恨这个，明天记恨那个，朋友越来越少，对立者越来越多，自己也逐渐成为"孤家寡人"。面对许多不愉快的事情，如果我们都能够换位思考，不仅能缓和矛盾，甚至能化敌为友。

点亮人生

面对别人的伤害，最明智的做法是以德报怨，时刻提醒自己，让伤害到自己这里为止。活在仇恨里的人是愚蠢的。你在憎恨别人时，心里总是愤愤不平，希望别人遭到不幸、惩罚，却又往往不能如愿，失望、莫名的烦躁之后，你便失去了往日那轻松的心境和欢快的情绪，从而心理失衡；另一方面，在憎恨别人时，由于疏远别人，只看到别人的短处，在言语上贬低别人、在行动上敌视别人，结果使人际关系越来越僵，以致树敌为仇。宽容地帮助曾经伤害过你的人才不失为人生大智慧，以德化怨，春风化雨，是成熟人性臻至化境的象征，宽容的人生收获的必是满城桃李。

面对他人的错误，宽容的态度比严厉的责罚更能让人忏悔。你的宽容和仁慈会让有良知的犯错者从心里感到羞愧，从而真心悔改自己的行为。以恨对恨，恨永远存在，以爱对恨，恨自然消失。

一天晚上，有位老禅师在禅院里散步时，发现墙角有一把椅子。他知道有人不顾寺规，越墙出去游玩了。

老禅师搬开椅子后蹲在了原处，果然，没多久有一位小和尚翻墙而入，在黑暗中踩着老禅师的后背跳进了院子。当他双脚落地时，才发觉刚才踩的不是椅子，而是自己的师父，小和尚顿时惊慌失措。

但是，老禅师并没有责备他，只是以平静的语调说："夜深天凉，快去多穿件衣服。"小和尚感激涕零，回去后告诉其他师兄弟，此后再也没有人夜里越墙出去闲逛了。

责罚或许比谅解看起来更能补偿自己曾经的委屈和受到的不公待遇，但只有宽容，才能真正地从内心深处磨掉伤痕，不再播撒仇恨和报复的种子，才能重拾生活的希望和勇气。

当你熟悉的人伤害了你，想想他往日的善行和对你的关怀，这样，心中的火气、怨气就会大减，就能以包容的态度谅解别人的过错或消除相互之间的误会，化解矛盾，和好如初。包容的是别人，受益的却是自己。能够不怀恨别人，宽恕了别人，所以和别人之间的仇怨就没有了，而坏人渐渐也会被他们所感化。保持爱心，提高人生境界，用爱心来帮助他人改正过错，比责骂、教训获得更好的效果，因为爱是一种包容，是一种关怀，它最具有使人改过向善的力量，从而使他人能"放下屠刀，立地成佛"。善待别人，就是从心里给自己一个幸福的理由。

人有悲欢离合，月有阴晴圆缺，此事古难全

——苏轼

智慧悟语

　　古人有古人的悲哀，可古人很看得开，他把人世间的悲欢离合比作月的阴晴圆缺，一切全出于自然，其中有永恒不变的真理，它于无形中，演绎着多彩的世界；今人也有今人的苦恼，因为"此事古难全"。人生在世，我们不必总跟自己过不去，也别跟生活过不去，生活得不滋润、不快活，关键是我们选择什么样的角度去看生活、看自己。

《肖申克的救赎》中，男主人公被冤入狱，但他始终没有抱怨，没有怨天尤人，而是积极地为出逃做准备，最终成功逃离地狱般的监狱，重获自由和新生。而与他同一天入狱的一个男子，第一天晚上就不停地抱怨不公平，结果被野蛮的狱吏殴打致死。不论遇到什么情况，让你觉得委屈、不公平，都要用宽容、平和的心态去面对，想出积极的办法去改善现状，而不是一味地埋怨。宽容他人和这个世界，便是给自己自由的生存空间。

点亮人生

有一位哲学家，当他是单身汉的时候，和几个朋友一起住在一间小屋里。尽管生活非常不便，但是，他一天到晚总是乐呵呵的。

有人问他："那么多人挤在一起，连转个身都困难，有什么可乐的？"

哲学家说："朋友们在一块儿，随时都可以交换思想、交流感情，这难道不值得高兴吗？"

过了一段时间，朋友们一个个相继成家了，先后搬了出去，屋子里只剩下哲学家一个人，但是他仍然每天很快活。

那人又问："你一个人孤孤单单的，有什么好高兴的？"

"我有很多书啊！一本书就是一个老师。和这么多老师在一起，时时刻刻都可以向它们请教，这怎能不令人高兴呢？"哲学家说。

几年后，哲学家也成了家，搬进了一座大楼里。这座大楼有七层，他的家在最底层。底层在这座楼里环境是最差的，上面老是往下面泼污水，丢死老鼠、破鞋子、臭袜子和杂七杂八的脏东西。那人见他还是一副自得其乐的样子，好奇地问："你住这样的房间，也感到高兴吗？"

"是呀！你不知道住一楼有多少好处啊！例如，进门就是家，不用爬很高的楼梯；搬东西方便，不必费很大的劲；朋友来访容易，用不着一层楼一层楼地叩门询问……特别让我满意的是，可以在空地上养些花、种些菜。这些乐趣呀，数之不尽啊！"

一年后，哲学家把一楼的房间让给了一位朋友，因为朋友家有一位偏瘫的老人，上下楼很不方便。他们搬到了最高层，可是他仍然很快乐。那人见了他很纳闷儿地问："你住七层是不是好处也很多啊？"哲学家笑着说："好处真不少！上下楼可以锻炼身体；光线也好，看书不伤眼睛；顶层还没有干扰，很清静啊！"

　　后来，那人遇到哲学家的学生，问道："你的老师总是那么快快乐乐，可我却感到，他每次所处的环境并不那么好呀。"

　　学生笑着说："决定一个人快乐与否，不是在于环境，而在于心境。"

　　苦恼和悲哀常常会引起人们对生活的抱怨，哀自己命运不好，怨生活的不公。其实生活仍然是生活，关键看你以什么角度观看。

　　每逢沮丧失落时，我们对一切感到乏味，生活的天空阴云密布，看什么都不顺眼。生活中有很多时候令我们心情不好。面对落榜、面对失恋、面对解释不清的误会，我们的确不易很快地超脱。但是人有逆反心理，更多的时候是"多云转晴"，忧郁被生气勃勃的憧憬所取代。烦些什么呢？你的敌人就是你自己，战胜不了自己，没法不失败；想不开、钻死胡同，全是自己所为。

　　原谅生活有那么多阴差阳错，因为它要让你学会坚强、珍惜。生活在这个大千世界，我们不得不怀着一颗宽大的心去原谅诸多人和事，因为这正是上天对我们每一个人的考验。

　　宽容是一种生存的智慧、生活的艺术，是看透了社会、人生以后所获得的从容、自信和超然。

PART 04
不完美才是真完美

既然太阳上也有黑点，"人世间的事情"就更不可能没有缺陷

——车尔尼雪夫斯基

智慧悟语

几乎每一个人在心中都有一种追求完美的冲动，当一个人对于现实世界的残缺体会越深时，他对完美的追求就会越强烈，这种强烈的追求会使人充满理想，但这种追求一旦破灭，也会使人陷入绝望。

尽管你可能不承认，但你要知道，这个世界上没有任何一种事物是十全十美的，一切事物或多或少都有瑕疵，人类亦同，我们只能尽最大的努力去使它更完美一些。智者告诉我们，凡事切勿苛求，如果采取一种务实的态度，你会活得更快乐！

在这个世界里，完美是一件美好的事物，有了它，那些知道自己有缺点的人会感到惭愧，也会更加努力，以使自己成为完美的人。

在这个世界里，完美也是一件可怕的事物，如果你每做一件事都要求务必完美无缺，便会因心理负担的增加而不快乐，要知道，人生的各种不幸皆由追求完美而导致。当一个人要求别人善待他时，缺点便显现无遗。完美是一座

心中的宝塔，你可以在心中向往它、塑造它、赞美它，但切不可把它当作一种现实存在，因为这样只会使你陷入无法自拔的矛盾之中。

点亮人生

文静是一个漂亮的姑娘，文采和口才也都很好。像这样集各种优点于一身的年轻未婚姑娘，追求她的小伙子自然是排着长队。每当夜深人静，文静就对这些小伙子逐个比较，她发现他们各有千秋，都有令她动心之处，但也都有大大小小的毛病，她无法做出选择。就这样，文静从一个不足20岁的清纯少女，变成一个30岁出头的老姑娘。那些追求文静小伙子耐不住苦苦等待，热情逐渐减退，都先后找到了自己的爱情归宿，而文静至今还是孤身一人。

文静的失策在于没有学会放弃！不会放弃，也就没有选择。如果当初文静能够放弃其他，在众多的追求者中选择一位，她就不会尝尽孤单的滋味。她使自己失去了最佳的选择时机，选择余地就有限了。

生命给予我们每个人的，都是一座丰富的宝库，但你必须学会放弃，选择适合你自己拥有的。人生有所失才会有所得，只有放弃一部分，我们才会得到另外一部分；只有放弃某种我们凭"惯性"而固守着的东西，才会得到另一些真正裨益人生的东西。下岗了，就应转变就业观，放弃脑子里根深蒂固的面子观念，到更广阔的就业天地去寻找生计；弃政而从商，到"海"里扑腾，就得放弃机关优厚、舒适的工作条件；进入了婚姻"围城"，就得放弃单身时的逍遥洒脱、自由自在……要适应一种生活，必然得放弃某些观念和欲望。放弃得当，我们才会解脱种种有形或无形的羁绊，打破种种思想上和行动中的禁锢，甩掉"包袱"，轻装前行，更快更好地进入"适应"的角色。

做事过于苛求，反把事情弄坏
——英国谚语

智慧悟语

这个世界上没有任何一件事物是十全十美的，它们或多或少皆有瑕疵，人类亦同。我们只能尽最大的能力去使它更完美一些。智者告诉我们，凡事切勿过于苛求，如果采取一种务实的态度，你会活得更快乐！

别为你无法控制和改变的事情烦恼，你没有能力阻止既定之事，但是你有能力决定自己对事情的态度。如果你不控制它们，它们就会反过来控制你。想开点儿吧，有些事情既然不能改变，不妨试着接受，只要能坚持这种生活态度，慢慢地，你就会发现，你是这个世界上最幸福的人。

点亮人生

有一个男人，他因为寻找一个完美的女人而单身了一辈子。

当他70岁的时候，有人问他："你一直在到处旅行，从喀布尔到加德满都，从加德满都到果阿，从果阿到普那，你始终在寻找，难道你没能找到一个完美的女人，甚至连一个也没找到？"

那老人变得非常悲伤，他说："不，有一次我碰到了一个完美的女人。"

那个发问者说："那么发生了什么，为什么你们不结婚呢？"

他变得非常伤心，他说："怎么办呢？她也在寻找一个完美的男人。"

每个人心中对完美的定义不同，如人人都追求自己心中的完美，你的人生只能一次次白白地错失机遇。

而且世界上根本就没有绝对完美的事物，完美的本身就意味着缺憾。即使是中国古代的四大美女，也有各自的不足之处：西施的脚大，王昭君双肩仄削，貂蝉的耳垂太小，杨贵妃还患有狐臭。然而，正是西施脚大需穿长裙遮盖，才有了长裙飘飘的美感；为了掩盖自身的削肩之缺，王昭君喜欢穿蓬松的毛皮斗篷，更显得娇媚动人；貂蝉耳垂太小不得不佩戴镶有独粒大宝石的圆形耳环，细耳碧环，愈显俏丽；杨玉环身有狐臭，不得不佩戴香囊掩盖，行动处香风飘拂，嗅之欲醉。由此可知，世界并不完美，人生当有不足。留些遗憾，反倒使人清醒，催人奋进，是好事。

正因为人的不完美，才会促使人不断向上，渴望自身的完美。不完美从某种意义上说，正是一个人灵魂飞升的动力所在。因此，正视并珍惜你的不完美，努力向上，才是真正健康的心态。因此，生活中，我们对人对事应少些苛求。

西方谚语曾说："你要永远快乐，只有向痛苦里去找。"你要想完美，也只有向缺憾中去寻找，最辉煌的人生，也有阴影陪衬。为了看到人生微弱的灯火，我们必须走进最深的黑暗。我们的人生剧本不可能完美，但是可以完整。当你感觉到缺憾，你就体验到了人生五味，你便拥有了完整的人生——从缺憾中领略完美的人生。

生命就像是一首高低起伏的乐章，高低音错落才会显得生动而鲜活，所谓"如不如意，只在一念间"，人生的真相便是"不如意事十之八九"。因此，何须事事都完美？

尽管人们常说"人定胜天"，但在我们的生活中，我们会发现好多事情都由不得我们，比如我们的出生、我们的家境、我们的容貌、我们的身材、我们的技能……对于此等，是上天的安排，是与生俱来的。有人先天就有很多优势，可有的人却劣势频频。对于这些所不能改变的，我们任何人都无能为力，任凭我们如何痛苦地挣扎都无济于事，所以只能举起双手投降。因为对于不能改变的事，我们只有接受，唯有接受才是最好的选择。

我能坚持我的不完美，它是我生命的本质

——法朗士

智慧悟语

世界并不完美，人生当有不足。对于每个人来讲，不完美是客观存在的，无须怨天尤人。完美主义者表面上很自负，内心深处其实很自卑，因为他

很少看到优点，总是关注缺点。如果总是不知足，很少肯定自己，自己就很少有机会获得信心，当然会自卑了。不知足就不快乐，痛苦就常常跟随着他，周围的人也会不快乐。学会欣赏别人和欣赏自己是很重要的，这是使人实现目标的基石。

智者再优秀也有缺点，愚者再愚蠢也有优点。生活中对己宽、对人严的做法，必遭别人唾弃。对别人多做正面的评估，不以放大镜去看缺点，避免以完美主义的眼光，去观察每一个人，而应以宽容之心包容其缺点。少些责难之心，多些宽容之心。

点亮人生

国王有五个女儿，这五位美丽的公主是国王的骄傲。她们那一头乌黑亮丽的长发远近闻名，国王送给她们每人100个漂亮的发夹。

有一天早上，大公主醒来，和往常一样用发夹整理她的秀发，却发现少了一个发夹，于是她偷偷到二公主的房里拿走了一个发夹。

二公主发现少了一个发夹，便到三公主房里拿走一个发夹；三公主发现少了一个发夹，也偷偷地拿走了四公主的一个发夹；四公主如法炮制拿走了五公主的发夹；于是，五公主的发夹只剩下99个了。

第二天，邻国英俊的王子忽然来到皇宫，他对国王说："昨天我养的百灵鸟叼回了一个发夹，我想这一定是哪位公主的，这是一种奇妙的缘分，不知道是哪位公主掉了发夹？"

公主们听到了这件事，都在心里喊："是我掉的，是我掉的。"可是头上明明完整地别着100个发夹，所以都很懊恼，说不出话来。只有五公主走出来说："我掉了一个发夹。"

少了一个发夹的五公主披散着一头漂亮的长发，王子不由得看呆了，决定和公主一起过幸福快乐的日子。

很多时候，人生并不是因为全部拥有而幸福；相反，却是因为失去才变得美丽。人生就像那99个发夹，虽然不够完美，却异常精彩，人生也正是因为这许多的缺憾而使得未来有了无限的转机，增添了无限的可能性。

人生的缺憾也是一种美。没有缺憾，生活就会变得单调乏味。亚历山大大帝因为没有可征服的土地而痛哭；喜欢玩牌者若是只赢不输就会失去打牌兴趣……正如西方谚语所说："你要永远快乐，只有在痛苦里去找。"你要想完

美，也只有在缺憾中去寻找。

不完美正是一种完美！

在这个世界上，每个人都有自己的缺憾。只有带着缺憾的人生，才是真正的人生。能够认识到这一点，我们便不会去苛求我们的人生，也不会去苛求他人。我们只有在人生苦短的愁绪中，才会更加热爱生命；只有在泥泞的人生路上，才能留下我们生命坎坷的足迹；只有在鲜花凋谢的缺憾里，才会更加珍视花朵盛开时的美丽。

第二篇

生得其名，死得其所

PART 01
我为何而生

人生以人生为目的，没有另外的答案
——南怀瑾

智慧悟语

人生为何？人为什么活着？何为人生？人生的目的是什么？人生的形态林林总总，人生的目的五光十色，有美丽善良的，有丑陋恶毒的；人生有以服务为人生目的，以享乐为人生目的，以追求真善美为人生目的。而南怀瑾则说"人生以人生为目的，没有另外的答案"。这是充满哲学思辨的回答。他从本体论、认识论、价值论上探析了人生。

如果人生的一切追求都只是为了功利，那未免就误解了人生。然而，如今的社会很可怕，你只要对你身边的人观其言，察其行，就会知道，他们的所作所为大多数是有目的的。这就是今天目标偏执教育隐藏的危机，它使我们的注意力全都集中在了那个结果上去，而忽视了行动过程中的苦乐享受。这直接促使了奖赏机制的盛行。

在我们的生活中，奖赏机制无处不在：为了让小孩考个好分数，父母往往许诺奖赏；长大成人了在各个部门工作，部门会设立各种奖励、奖金、勋章来诱惑你。然而，一个成熟的人是不需要外在的奖赏的，奖赏是一种愚弄。成熟的人的奖赏只可能来自于他的内在，他的付出之中，他不可能盯着那个外在的奖赏而努力奋斗。

点亮人生

　　萨特，法国伟大的小说家、哲学家之一，一生中拒绝接受任何奖项，包括1964年的诺贝尔文学奖。他在内心深处认为任何的奖项都是对他的侮辱。他说，当我创造我的作品时，我已经得到了足够的奖赏，诺贝尔奖并不能够对我增加什么，相反的，它反而把我往下压，它对那些寻找被人承认的业余作家来讲是好的，我已经够老了，我已经享受够了，我喜爱任何我做的，它就是本身付出所得到的奖赏。我不想要任何其他的奖赏，因为没有什么东西比我已经得到的来得更好。

　　萨特看透了奖赏机制背后的负担，一旦他接受奖项，他将不再是以往那个自由的萨特。正如他自己在拒领诺贝尔奖的声明中所说："在我看来，接受该奖，比谢绝它更危险。"和萨特一样，印度著名文学家泰戈尔也看透了奖赏机制背后的阴影。

　　泰戈尔写过的《吉檀迦利》一书，其原文（孟加拉语）比翻译版优美得多。英译本得了诺贝尔奖，而更优美的原文版却在国内反响很小。由于其得了诺贝尔奖，故他故乡的加尔各答大学要第一个给他颁荣誉学位时，他选择了拒绝。他说，你们给我一个学位，但你们并没有承认我的作品，你们是承认诺贝尔奖，你们是对那个"玩具"感兴趣，你们是在侮辱我和我的劳动。

　　有了奖赏便有了主仆关系的存在，就加深了奴性。这就是功利最大的目的和危害。

　　那么，我们究竟怎样从功利中解脱出来？重视过程，享受过程。人生本就是用来享受的，无论是爱情的美满、事业的成功，都是指一个过程，而并非一个结果，因为人生的结果早已注定，那就是死亡。难道说，不享受人生而重视死亡的状态？既然明白了这个道理，那你何必凡事都是重视结果不重视过程？

人生的目的就是人生的本身，就是那一个过程。在死亡之前，保持内心的清净，尽情地享受悠闲、辛劳、欢喜、悲伤……这就至真的幸福。

所谓活着的人，就是不断挑战的人，不断攀登命运险峰的人

——雨果

智慧悟语

人活着到底是为什么？对于这个问题不同的人会有不同的答案：有人会说活着是为了赚更多的钱，也有人会说是为了出人头地。还有人会说是为了更好地享受生活。纵观这些答案，都有一个共同点，那就是为了一个结果而活着。其实，人的生命在于尝试，在于挑战自己。人是为一个尝试挑战自己的过程而活着。

生命短暂而有限，当乌发已染上霜白，当额头眼角边的皱纹肆掠纵横，当我们已经老掉牙齿，当我们将要离开这美好的人世的时候，回首往事，这一生又有几件值得我们回忆，值得骄傲，值得留念，值得永恒的事情呢？我们又做过几次不悔的决定，开始过几次难忘的经历，付出过几次汗水和血泪呢？如果没有，那么我们尝试过，挑战过吗？我们不会连开始都没有过吧？

点亮人生

有句话说得好，大凡有成就的人都在不断地挑战自己。

1914年12月深夜，爱迪生的制造设备被一场大火严重毁坏，他损失了约100万美元和绝大部分难以用金钱来计算的工作记录。

第二天早晨，他在埋葬着他多年劳动成果的灰烬旁散步。这位发明家说："灾难有灾难的价值，我们的错误全部烧掉了，现在可以重新开始。"

爱迪生的成就实在令人佩服，但更让人佩服的是他面对挫折的勇气。人

生旅途，难免会有困难、坎坷抑或是沉重的打击。面对这些，你可以伤心，你可以悔恨，但重要的是不能丧失面对它的勇气，要有勇气战胜自己。

同样对于我们来说在面临挫折与失败时，也要勇于面对它，战胜它，这样才能取得更大的成功。

在影片《隐形的翅膀》中，花季少女智华在一次意外中失去双臂，生活自理能力一下子"归零"，饮食起居，一切的一切，都成了难题。她痛苦地走进河里，想结束自己的生命。当及时发现她轻生的父母把她从绝境中拉回来，亲情难舍，生命无价，折翼的青春也有梦想的美丽："上天在给你关上一扇门的同时，也必然打开一扇窗。"后来她通过参加全国残疾人游泳锦标赛，经过奋力拼搏，她获得了第一名的好成绩，取得了残奥会参赛的资格，并且被北京体育大学破格录取。

生活中有很多人像影片中的智华一样，走出残疾的阴影，冲破局限，挑战自我。通过残疾人体育竞技这个与国际化接轨的舞台，在实现自身梦想和价值的同时，让世人看到，残疾人不是不能，如果有机会，他们能做任何事。他们证明了人的伟大和生命力的顽强，这种精神不仅属于残疾人，更属于所有人。

然而，我们想想他们在走上赛场之前，都需要战胜生活中最难以逾越的一个对手，那就是自己，生活为他们设置了不同寻常的障碍，他们的现实世界或是黑暗或是病苦，但内心世界却始终明亮与执着，在赛场上他们超越了身体的羁绊，超越了心灵的障碍，用行动彰显信念，以信念迸发力量，他们向自己的残缺挑战，超越极限，让世界震撼。

人的五个手指各有长短，我们每个人不可能都一样的聪明，总会有人是第一，也总有一个是倒数。这是必然的，而落后的人就应该甘于现状，任其发展吗？落后的人已经和其他人存在一大截差距，已经失去了很多赶超的机会，应该做的只有更努力奋斗的向他们靠近，而不是越离越远，但是也不能急于求成，努力一段时间却不见效便放弃了，这是不可取的。我们不要和差距大的同学相比，这样会更累，甚至失去最后的信心，我们跟自己比，摆正位置，找准目标，每天进步一点点，便是很大的成功，当一次失败降临，不必心急不要气馁，更不要放弃努力，我们应该反省自己的行为与学习方法，及时调整，向困难挑战，顽强不屈服，努力坚持到底，这才是青春年少、风华正茂的我们所应该具有的。

PART 02
活着并接纳
全新的自己

走自己的路，让别人去说吧
——但丁

智慧悟语

真正成功的人生，不在于成就的大小，而在于你是否努力地去实现自我，喊出属于自己的声音，走出属于自己的道路。

"走自己的路，让别人去说吧！"这是但丁的名言。然而，在现实生活中要这样做需要很大的勇气，有时还要付出代价。

点亮人生

美国职业足球教练文斯·伦巴迪当年曾被批评为"对足球只懂皮毛，缺乏斗志"。

贝多芬学拉小提琴时，技术并不高明，他宁可拉他自己作的曲子，也不肯做技巧上的改善，他的老师说他绝不是个当作曲家的料。

达尔文当年决定放弃行医时，遭到父亲的斥责："你放着正经事不干，整天只管打猎、捉狗捉耗子的。"另外，达尔文在自传上透露："小时候，所有的老师和长辈都认为我资质平庸，我与聪明是沾不上边的。"

爱因斯坦四岁才会说话，七岁才会认

字，老师给他的评语是："反应迟钝，不合群，满脑袋不切实际的幻想。"他曾遭到退学的命运。

　　罗丹的父亲曾怨叹自己有个白痴儿子，在众人眼中，他曾是个没有前途的学生，艺术学院考了三次还考不进去，他的叔叔曾绝望地说："孺子不可教也。"

　　托尔斯泰读大学时因成绩太差而被劝退学。老师认为他"既没读书的头脑，又缺乏学习的兴趣"。

　　俄国作家契诃夫说得好："有大狗，也有小狗。小狗不该因为大狗的存在而心慌意乱。所有的狗都应当叫，就让它们各自用自己的声音叫好了。"

　　如果这些人不是"走自己的路"，而是被别人的评论所左右，怎么能取得举世瞩目的成绩呢？人生的成功自然包含有功成名就的意思，但是，这并不意味着你只有成就了举世无双的事业，才算得上成功。世界上永远没有绝对的第一。

挫其锐，解其纷，和其光，同其尘

——老子

智慧悟语

挫掉锋芒，消除纠纷，含敛光耀，混目尘世。

挫锐解纷，和光同尘，或许听来略显晦涩，其实是在告诉我们一个为人处世的方法。有一个人，可以让我们对这种生活态度有一个深刻的理解。

人生在世，如果仅仅坚持"众人皆浊我独清，众人皆醉我独醒"的清高自傲，恐怕换来的只会是屈原式的含恨离世或是文人式的抑郁不得志。同流世俗不合污，周旋尘境不流俗，才是最明智的选择。

点亮人生

冲虚自然，永远不盈不满，来而不拒，去而不留，除故纳新，流存无碍而长流不息，才能真正挫锐解纷，和光同尘。凡是有太过尖锐、呆滞不化的心念，便须顿挫而使之平息；倘有纷纭扰乱、纠缠不清的思念，也必须要解脱斩断。

冲而不盈，和合自然的光景，与世俗同流而不合污，周旋于尘境有无之间，却不流俗，混迹尘境，但仍保持着自身的光华。

由唐玄宗开始，儿子唐肃宗，孙子唐代宗，乃至曾孙唐德宗，四朝都由郭子仪保驾。唐明皇时，安史之乱爆发，玄宗提拔郭子仪为卫尉卿，兼灵武郡太守，充朔方节度使，命令他带军讨逆，唐朝的国运几乎系于郭子仪一人之身。

不止一次，许多国难危急，都被郭子仪一一化解。天下无事时，皇帝担心其功高镇主，命其归野，虽然朝中的文臣武将多半都是郭子仪的门生部属，可是一旦皇帝心存疑虑，他就马上移交权柄，坦然离去。等国家有难，一接到圣旨，他又毫无怨言，化解危难，所以屡黜屡起，四代君主都要倚重于他。

郭子仪将冲虚之道运用得挥洒自如，以雅量荣天下，洞悉世情。汾阳郡王府从来都是大门洞开，贩夫走卒之辈都能进进出出。郭子仪的儿子多次劝告父亲却未果。后来，郭子仪语重心长地说："我家的马吃公家草料的有500匹，我家的奴仆吃官粮的有一千多人，如果我筑起高墙，不与外面来往，只要有人与郭家有仇，略微煽风点火，郭氏一族就可能招来灭族之祸。现在我打开府门，任人进出，即使有人想诬陷我，也找不到借口啊。"儿子们恍然大悟，都十分佩服父亲的高瞻远瞩。

郭子仪晚年在家养老时，王侯将相前来拜访，郭子仪的姬妾从来不用回避。唐德宗的宠臣卢杞前来拜访时，郭子仪赶紧让众姬妾退下，自己正襟危坐，接待这位史书上记载"鬼貌蓝色"，说他是相貌丑陋的当朝重臣。卢杞走后，家人询问原因，郭子仪说道："卢杞此人，相貌丑陋，心地险恶，如果姬妾见到他，肯定会笑出声来，卢杞必然怀恨在心。将来他大权在握，追忆前嫌，我郭家就要大祸临头了。"果然，后来卢杞当上宰相，"小忤己，不致死地不止"，但对郭家人一直十分礼遇，完全应验了郭子仪的说法，一场大祸无意间消于无形。

郭子仪一生历经武则天、唐中宗、唐睿宗、唐玄宗、唐肃宗、唐代宗、唐德宗七朝，福寿双全，名满天下。年85岁而终，子孙满堂，所提拔的部下幕府中六十多人，后来皆为将相。生前享有令名，死后成为历史上"富"、"贵"、"寿"、"考"四字俱全的极少数名臣之一。历史对郭子仪的评议："功盖天下而主不疑，位极人臣而众不嫉，穷奢极欲而人不非之。"郭子仪私人生活十分奢侈，但上至政府，下至民间，没有一个人批评他，因此，郭子仪乃古往今来第一人。

郭子仪的一生便是"挫锐解纷，和光同尘"的最好解读，做人如此，做官如斯，已是人中之极了。泥中莲花，挫锐解纷，和光同尘，一切了然于胸，世事尽收眼底，看透了富贵名利，自然能够长久屹立。

缺乏才智，就是缺乏一切
——哈里法克斯

智慧悟语

一意模仿别人，不仅不可能成功，还陷入丧失自己的危险。人的唯一明智的生活方式是"弃彼任我"，这便是在生活中实践"无为"。

如果一味地模仿别人，永远只能做被模仿者的影子，这样的人，终究会明白刻意模仿的危险，但当他们意识到时，成功已经离他们很远了。

生活中，有很多人的心情都容易受到外界的影响，更有甚者，将对自己的认识和评价建立在他人的态度之上，更是本末倒置。

为什么人最难认清自己？主要是因为真心蒙尘。就像一面镜子，被灰尘遮盖，就不能清晰地映照出物体的形貌。真心不显，妄心就会影响人心，时时刻刻攀缘外境，心猿意马，不肯休息。

心不动才能真正认清自己，遇到顺境不动，遇到逆境也不动，不受任何外在的影响。现代人的状况大多相反，遇到顺境的时候高兴得不得了，遇到逆境的时候痛苦得不得了，这就带来许多痛苦。其实，我们遇到的任何外境都一样，如果我们能够了解这一点，就不会被红尘所诱惑和蒙蔽。

点亮人生

邯郸学步和东施效颦，这两个早已为人所熟知的故事，讲述的便是刻意模仿的危险：一个忘记了应该如何走路，而另一个则沦为了别人的笑柄。他们忘记了自己与别人的不同，忘记了自己的特点，只是一味地在模仿别人。殊不知，这是在用别人的优势惩罚自己，结果只有一个，那就是永远成不了期望中的那个人，同时也忘了自己是谁。

20世纪40年代，有一个年轻的小伙子，先后在德国慕尼黑和巴黎的美术学校学习绘画。"二战"结束后，他靠卖自己的画为生。

有一天，他的一幅未署名的画被他人误认为是毕加索的画而出高价买走。这件事情给他一个启发。于是他开始大量地模仿毕加索的画，并且一模仿就是二十多年。二十多年后，他一个人来到西班牙的一个小岛，他渴望安顿下来，筑一个巢。他又拿起画笔，画了一些风景和肖像画，每幅都签上了自己的真名。但是这些画过于感伤，主题也不明确，没有得到认可。更不幸的是，当局查出他就是那位躲在幕后的假画制造者，考虑到他是一个流亡者，所以没有判他永久的驱逐，而给了他两个月的监禁。

这个人就是埃尔米尔·霍里。毋庸置疑，埃尔米尔有独特的天赋和才华，但是由于没有找准自己努力的方向，终于陷进泥淖，不能自拔，并终究难逃败露的结局。最可惜的是，他在长时间模仿他人的过程中，渐渐迷失了自己，再也画不出真正属于自己的作品了。

针对这种刻意模仿，冯友兰先生也曾提出过自己的看法："事物的本性都有它的局限性，人如果力图超越本性，结果就将丧失本性；只有不顾外面的引诱，顺乎自己的本性，才能保持自己内心的完整。一味地模仿别人，不仅不可能成功，还会陷入丧失自己的危险。这是刻意模仿带来的危险。这表明，模仿不仅无用，毫无结果，还将戕贼自己。因此，唯一明智的生活方式是'弃彼任我'，这便是在生活中实践'无为'。"

其实，每个人自身就有无穷的宝藏，只需放下对别人的羡慕与模仿，将自己身上最独特的宝藏挖掘出来，就能使自己的人生散发出属于自己的光芒。

始终坚持做自己，才取得了最终的成功。所以，一个人想要成功，就不能盲目模仿他人，必须展示自己最优秀的一面，找到自己的个性，展现真我的风采，才能形成自己独特的风格，只有这样，才能脱颖而出、大获全胜。

PART 03
人生追求各不同

别在平野上停留，也别爬太高，从半高处往下看，世界显得最美好

——尼采

智慧悟语

　　人生是要有所追求的。失去追求，我们的思想将褪去绚丽的色彩，在庸庸碌碌中，在随波逐流中逐渐变得苍白；失去追求，我们的人生将变得毫无意义，我们的生命将在世俗的洪流中被白白耗尽。

　　但是，一个人的精力、能力是有限的。如果是不加选择地盲目地追求，势必让我们精疲力竭。当我们蓦然回首时，却发现我们原来煞费苦心追求的东西，到头来却还是一场空，而我们有能力得到的却没有得到。然而此时，我们的青春已在风尘辗转中消磨得不再有往日的色彩了，留给我们的只有一些无法重圆的旧梦。所以，在追求中，我们要给自己一点空间。仔细想想，我们曾经获得了什么，我们其实应该获得什么，为什么无法拥有的我们却执着不已，而能够把握的我们却让它从我们身边溜走，我们是否把我们有限的精力无限地投入到我们自身根本无法逾越的人生困难苦境之中，而我们在另一方面的才能却在岁月中被磨钝。

　　人们往往追心和求索，忙忙碌碌，一路的好风光却未能欣赏。人生的美，其实就是一边走，一边捡散落在路边的花朵，那么你的一生就是美丽而芬芳的。有的人，给自己定的目标往往太高，虽尽力拼搏却终无所获。也许他不知道，他选择的本是无法企及的痴心妄想。所以，我要说的是，我们的人生要追求，但是，更需要一种睿智的追求，一种适可而止的追求。

点亮人生

　　总是会听到身边的人这样说："我再坚持一下就好了。"那么这里的"坚持"是什么意思呢？如果是到了透支自己的体力、脑力抑或能力的话，那这个坚持真的就是不必要了。累了，就趴下来，不要想还有多少事情没有完成，不要想已经做完的功课或工作会怎么样。因为在很多情况下，并不是你努力了就可以达到自己的目标，更不是一个人想到什么就能做到的。如果说适可而止是一种境界，那么，我要想说的是，只要我们尽力了，那么我们所到达的那个高度对个人而言就是最高点，就是成功。对人生来说，那一处便是自己所能领略的风景最佳处。

　　对于人生、事业的追求，有人把适可而止与遗憾看着是对等的。其实，一个人只要是按照自己所能承载的度适可而止的，那便没有什么遗憾。

　　盐城企业家吴文洪在体力严重不支的情况下仍然坚持攀登珠峰，也许他在登顶的一刹那是快乐的，但是这种快乐换来的却是他人生最大的悲剧，这种遗憾已是无法弥补。但另一位无氧登山运动员，在一次攀登珠峰的活动中，到了6400米的高度时，他渐感体力不支，便停了下来，在与队友打了个招呼后便悠然下山了。后来有人为他惋惜：再坚持一下，就可以越过6500米的登山死亡线了。但是这位无氧登山运动员回答得很干脆：他不遗憾，因为，6400米就是他登山的最高点。

　　的确是没有什么遗憾的，因为一个人已经达到了自己的最高点，而不是参照他人。人生有很多的风景，但并不是每一处你都能够撷取，适可而止是一种大智慧。

　　适可而止是一种境界，也是一种睿智。人要奋斗，要进步，生命不息，奋斗不止。但适可而止会让我们明白在哪里是需要止步的。学会停止是对生命的尊重和敬畏，也是对生活的珍视和负责。每个人的生命和能力都有自己的极限，超过这个极限可能就会适得其反。不顾自己所能承受的能力而一味地勇往直前，是对生命的虐待。人的生命只有一次，和生命相比，无论怎样的高度都是次要的，正确地估价自己的能力，量力而行、适度而止，才能描绘出人生最美的图。那么在这忙碌的世间，让我们适度止步，偷得浮生一段流光，颐养我们珍视的阳光与生命。

我们在追求的时候，也要学会停歇，学会放弃，放弃那些不属于你的过去，放弃那些不切实际的追求。放弃是生命中价值的另一种体现，放弃不意味着不追求，而是为了让我们的价值用一种更适合自己的方式得以体现。放弃也不意味着自我信心的丧失，而是为了让我们的信心用另一种更完美的形式得以展示。放弃更不意味着意志的软弱，而是对生命价值的一种洒脱的取舍，摈弃我们无法达到的，拥抱更加真实的自我，让生命之火在自己最完美的限度内发光发热。

也许人就是这样，有了的东西不知道欣赏，没有的东西又一味地追求

——海伦·凯勒

智慧悟语

追求不可能的事情是一种疯狂的行为，而有些人做事总是疯狂的。

一个人天生不能承担的、不在能力范围之内的事情，是不会降临在他身上的。而如果同样的事情发生在了另一个人身上，或许是由于他没有意识到这样的事情在发生，或许是为了故意表现出一种能勇于承担的勇气，他坚持住了，并且没有损伤。这种懵然无知和虚荣自满居然比智慧更强大，这是让人感到羞愧的。

事物本身是完全不能够把握灵魂的，它们也不会与灵魂相通，不能改变它、驾驭它。只有灵魂本身才能够改变和驾驭它自己，并且能够保证：凡是它做出的判断，都是它认为正确的、有价值的。

点亮人生

那些对于国家没有损害的事情，也不会损害到其中的公民。每当你觉得自己受了伤害的时候，应该这样去想："如果这件事情不会损害到我的国家，那么也不会对我有什么损害。"但是如果国家确实是受到了损害，也不要对这个犯错的人表示愤怒，而是平静地向他展示他犯的错误。

经常想想这些：那些现在存在的一切和将来要发生的一切消失得多么迅速啊，一转眼就不见了踪影。一切实体就像是一条水流飞快的河，它们的一切活动都是处在不断地变化之中，其中的因果也是变幻莫测，没有什么是永恒静止的。对我们来说，过去的一切都是转瞬即逝，未来的一切也是一个不能探究深度的深渊，没有什么是能留存下来的。那么，那些自鸣得意、怨天尤人、伤心痛苦的人不是傻子又是什么呢？那些使他们困扰的事情只存在于一段很短暂的时间里。

不要追求不可能的东西，那是一种发疯的行为。人的能力是有限的，所能掌控的事情也是有限的。做自己能力范围之内的事情，对于自己能力不能到达的地方，要有选择地放弃，这不会让自己背负太多的包袱，也不会在那些不可能的事情上做无用功。

利用自己有限的力量，朝着对的方向行进，追求自己的生活，把自己的利益同集体的利益联系起来，对集体有益的，即使自己会受到一些损失，也是应该坚持的。对于损害集体利益的人应指出其错误，进行引导和帮助，而不是愤怒地指责。

人患志之不立，亦何忧令名不彰邪?
——刘义庆

智慧悟语

人的一生，成功与否最根本的差别，并不在于天赋，而在于有没有志向与目标。没有志向与目标的人生，就没有方向，犹如大海上没有舵的帆船或是看不到灯塔的航船，总是会迷失方向，会让人意志消沉，从而碌碌无为地度过一生。即便是竭尽全力地想要做出点成绩，也会因没有目标而迷失。

文天祥说："人生自古谁无死。留取丹心照汗青。"王恽说："成事自来输有志，不教勋业镜中看。"宋代名儒张载说："为天地立心，为生民立命，为往圣继绝学，为万世开太平。"禅宗六祖慧能说："众生无边誓愿度，烦恼尽誓愿断，法门无量誓愿学，佛道上誓愿成。"这些名言，是这些名人做人的志向和抱负，也是这些名人做人的理想和目标。这些名言，折射出不可一世的气概，表现出纯真高尚的境界。

有人说："朝着一定目标走去是'气'，两者结合起来就是志气。一切事业的成败都取决于此。"还是小时候，我们的长辈就要求我们做人要有志气，做事要有志向。做人要有志气，是因为立志是做人的根本，也是做人的力量；做事要有志向，是因为立志是做事的目标，也是做事的道理。

点亮人生

比塞尔是西撒哈拉沙漠中的一颗明珠，每年有数以万计的旅游者来到这儿。可是在肯·莱文发现它之前，这里还是一个封闭而落后的地方。这儿的人没有一个人能走出过大漠，据说不是他们不愿离开这块贫瘠的土地，而是尝试过很多次都没有走出去。

肯·莱文当然不相信这种说法。他用手语向这儿的人问原因，结果每个人的回答都一样：从这儿无论向哪个方向走，最后还是转回到出发的地方。为了证实这种说法，他做了一次试验，从比塞尔村向北走，结果三天半就走了出来。

比塞尔人为什么走不出来呢？肯·莱文非常纳闷儿，最后他只得雇一个比塞尔人带路，看看到底是怎么回事。他们带了半个月的水，牵了两峰骆驼。肯·莱文收起指南针等现代设备，只挂一根木棍跟在后面。10天过去了，他们走了大约800英里的路程。第11天早晨，果然又回到了比塞尔。

这一次肯·莱文终于明白了，比塞尔人之所以走不出大漠，是因为他们根本就不认识北斗星。在一望无际的沙漠里，一个人如果凭着感觉往前走，他会走出许多大小不一的圆圈，最后的足迹十有八九是一把卷尺的形状。比塞尔村处在浩瀚的沙漠中间，方圆上千公里没有一点参照物，若不认识北斗星又没有指南针，想走出沙漠，确实是不可能的。

肯·莱文在离开比塞尔时，他告诉跟他合作的那个比塞尔人：只要你白天休息，夜晚朝着北面那颗星走，就能走出沙漠。他照着去做了，三天之后果然来到了大漠的边缘。阿古特尔因此成为比塞尔的开拓者，他的铜像被竖在小城的中央。铜像的底座上刻着一行字：新生活是从选定方向开始的。

比塞尔人之所以走不出那片大漠，是因为他们的心中没有一个确定的方向与目标，因而，他们只能在一望无际的沙漠里一直转圈。人生就是一段旅途，我们必须寻找到属于自己前行的方向，这一点至关重要。冯友兰先生也有同感，他认为："每一个人都应该立定一个志向，要做一个大人物，"所谓的"大人物"，冯老给出了他自己的解释，"并不是一定非做主席不可。无论做一个什么角色都是没关系的，只要所做的事，对于社会有益就成。"又或者再简单一些，只要是自己想要成为的人即可。冯友兰先生的志向便是哲学。不可否认，当他确实成为一个大人物，但立志之时，想来他只是想要成为自己希望成为的哲学领域中人而已，这便是立志所创造的成就。有了这样的志向与目标，人生才会充满前进的渴望与动力。一旦丧失目标，失去的可能不止是有意义的人生。

托尔斯泰曾说："人生目标是指路明灯。没有人生目标，就没有坚定的方向；

而没有方向，就没有生活。"唯有树立自己人生的志向，才能在茫然的人生中点燃不灭的灯塔，照亮前进的方向；也只有确立了人生的目标，才能使平淡的日子射出绚丽的光芒，生活才会充满愉悦和幸福。

第三篇

这辈子
只能这样了吗

PART 01
命运到底由谁掌握

命运并不是事前指导，乃是
事后的一种不费心思的解释
——鲁迅

智慧悟语

命运这东西不是说算能算出来，自己一个人的努力，对命运的影响是显
而易见的。

但是为什么还有人算呢？

一是因为人们恐惧，他们先入为主地相信了这世界上真
的存在命运，自己的那点主观能动原来竟然一直是已经设计
好的，他们要探个究竟。

二是因为人们无助，迫切想知道自己的努力会得到什么
结果，很功利。实际上你现在的努力成果，肯定会影响你第
二天的事情。换句话说命运这个东西不是设计好的，而是诸
多因素的共同作用。就好比你今天去算命，先生跟你说是
大富大贵，你呢很高兴，命里有时终须有，于是什么都
不做了，你不吃饭可能饿死，你不去做事，天上不

会掉馅饼，此时你已经在改变你的命运了。既然改变了，那你算的那个东西就不准了。因此南怀瑾先生说命运不能算，这个靠不住。

完全相信命运，很容易招致懒惰和颓废。但是有的人又完全不相信命运，认为那全是无稽之谈。但是我们细细想我们的生活，你错过了一些东西，你得到了另外一些东西，我们不能对每一件事情多做出具体选择，很多情况下我们莫名其妙地就做了某事，将时间远远地抛在了脑后。是什么决定了这一切，一切都是随机概率事件吗？也不尽然。南怀瑾先生引用苏东坡的诗说：事如春梦了无痕。一切事情都等于一个梦，梦醒便忘，这种缘属于无记缘。总是有某种不可名状的东西，将你所做的每件事情排列了起来，你的主观影响不能左右它，就像我们不能阻止时间的流动。

其实我们根据这个可以得出一句话来。如果相信命运，一切偶然都是必然，如果不相信命运，一切必然都是偶然。什么意思呢，就是说完全相信命运的人，本来毫无关联的事情，他会认为说这是上天安排的，所有偶然的事情都是命运的必然；而完全不相信命运的人，有自大的嫌疑，他们认为一切都是可安排的，殊不知我们一直在服从某些规则，有很多东西我们不可超越，比如时间规则，你能回到过去吗？冥冥之中，自有天意，但是人又是主动的，能在合理范围内改变我们的生活。

点亮人生

所谓命运，各人有各人的理解。有的人说命运是可改变的，他说的命运是人的状态，那当然可以改变，每天的努力，都会在现实中反映出来。有的人则说，命运是不可改变的，他说的命运实际上是指那种存在，这种存在以其不可超越的性质展现在我们面前，我们只能服从他，比如死亡，比如空间和时间。每个人都会在时空中留下自己的坐标。那个坐标就是相信命运的人所说的命运。世人常为此争论不休，盖因为所争辩者同名，但不是一物耳。

生命何其长，较之虫豸，但生命又何其短，较之宇宙。孔夫子说："未知生，焉知死。"他规避了超越问题，而立足现实，实际上是高明态度，这种态度可以尽岁月，以体验年华。而不用在苦苦思索中度过一生。

屈原说："路漫漫其修远兮，吾将上下而求索。"孔子比他要入世得多。

哲学家斯宾诺莎揶揄混沌老太太说她那种昏昏度日的快乐，不是他所追求的快乐，他说的快乐是什么？其实也是屈原的那种"求索"之乐。他们对命运都持怀疑态度。因此这才去追问天地鬼神。老子就不一样了，他顺应自然的思想，实际上是出世与入世的折中，这才是命运真正应该的面目，什么是命运呢？顺其自然。

当然对于命运的理解，在今天还是应该多元。我们处在一个剧烈变化的世界里，清静无为虽然美好，但可行性不强。完全相信命运又会减轻我们的主观能动性。唯一对我们有利的，其实是命运是可以改变的。成功不是命中注定的，而是掌握在自己的手里。时也命也，怅然一叹，无奈有余，勇猛不足，实不可取也。

人们既要相信命运，又要不相信命运，这便是命运的辩证法。说的简单的一点，就是人对自身和对社会要有一定的认识，要客观、要辩证。人既要有创造性，同时也要尊重客观；既要看到自己或人类的力量，同时也要看到自己和人类的力量在自然界以及在宇宙间仍然是非常渺小的。

没有一定的目标，智慧就会丧失
——蒙田

智慧悟语

生活的全部艺术，其实可以用两个字来概括，那就是"选择"；最现实的掌握命运的秘方，其实也可以用两个字来概括，那就是"选择"。

所有的人生哲学，所有的关于人生的训导，包括先哲的教诲，都只是在告诉人们生活中应该如何选择。在这个范围里，人类的智慧就大放光彩；超出了这个范围，人类的智慧突然就淡然失色。

我们今天的任何一个选择，都关乎着我们的未来。

点亮人生

选择——是把握人生命运最伟大的力量。谁掌握了选择的力量，谁就掌握了人生的命运。

人生的任何努力都会有结果，但不一定有预期的结果。错误的选择往往使辛勤的努力付诸东流，甚至使人生招致灭顶之灾。只有正确地选择了，所付出的努力才会有美好的结果。或许连你自己都没有意识到这一点，只有当你面临困境的时候，你才会发现这种潜在的力量。

一群迁徙的野牛在行进途中，突遭数只凶猛猎豹的袭击。刚才还是悠然自得的牛群顿时像炸了窝的马蜂，惊恐地四处奔逃，躲避着猎豹，逃脱着死亡。一只只野牛在奔逃中被扑倒，没有搏斗，连挣扎也是那样有气无力，只是哀鸣了几声，就成了猎豹的食物。

突然，一只看似弱小的野牛，就在快被猎豹追上的刹那，突然转向，全身奋力后坐，努力将身体的重心后移，奔跑的四蹄成了四条铁杠，直直地斜撑在地上，随即身体周围腾起一股浓浓的尘土，如同爆响的炸弹掀起的浪。在这生与死的千钧一发之际，这只小小的野牛停住了。

急停下来的小野牛，不但没有被猎豹吓倒，反而反转过身来，愤怒地沉下头，接着又仰起头顶上那一双尖尖的、硬硬的牛角，猛顶冲过来的猎豹。那只不可一世的猎豹，还没有看清眼前发生的一切，就被小野牛的尖角抵住了身体，扎进了肚子，被高高地捅起，抛向空中。

顿时，情况急转直下，奔逃的野牛们还在拼命地奔逃，而其他猎豹却惊呆了，先是顿立，继而掉头逃走。

我们不知道为什么唯有那只小野牛不像它的父母兄弟姐妹以奔逃求生，而选择回首痛击，去战胜自己所面临的危机，但它的行为确实给了我们许许多多的启迪和联想。

生活中的困难多于幸福，人生中的磨难多于享乐。人不应在困难中倒下，而要努力在困难中挺起。因为当你重新做出选择的时候，你就会拥有一种连自己都不相信的力量，而这种力量会使你战胜困难，同时使你的人生像初升的太阳一样，突破云层，升起在蔚蓝的天空中。

PART 02
尽人事，听天命

对人来说，一无行动，也就等于他并不存在

——伏尔泰

智慧悟语

命运是一个奇怪的事物，没有人能够真正捉摸得透。然而，这不是要我们悲观放弃，听天由命，而是顺应时代，做好自己该做的那一部分，剩下的就交给命运来审判。如果没有做到"尽人事"，那么就是失责，对自己的人生没有负责。

我们生活在这个世上，难免有顺境和逆境之分，没有人一辈子顺心，也不会有人一辈子都倒霉。得意之时"春风得意马蹄疾，一日看遍长安花"，这是一种怎样的开心舒畅！然而，前一分钟还在开怀大笑，后一分钟有可能一个突发事情就让我们"泪眼问花花不语"。这样从天堂到地狱，每个人的一生都难免会经历，上苍在这一点上倒是很公平，不会落下谁不管不问。

点亮人生

生活中的你是否还在为命运不济而哀叹呢？如果是，那还是赶紧收起这些怨天尤人的论调吧！行动起来，在行动中激发自己的潜能，说不定你也能创造奇迹。

在美国颇负盛名、人称传奇教练的伍登，在全美12年的篮球年赛中，替加州大学洛杉矶分校赢得10次全国总冠军。如此辉煌的成绩，使伍登成为大家公认的有史以来最成功的篮球教练之一。

曾经有记者问他："伍登教练，请问你是如何保持这种积极的心态的？"

伍登很愉快地回答道："每天我在睡觉以前，都会提起精神告诉自己：我今天的表现非常好，而且明天的表现会更好。"

"就只有这么简短的一句话吗？"记者有些不敢相信。伍登坚定地回答："简短的一句话？这句话我可是坚持了20年！重点和简短与否没关系，关键在于你有没有持续去做，如果无法持之以恒，就算是长篇大论也没有帮助。"

伍登的积极超乎常人，不单只是对篮球的执着，对于其他的生活细节也是保持这种精神。例如，有一次他与朋友开车到市中心，面对拥挤的车潮，朋友感到不满，继而频频抱怨，但伍登却欣喜地说："这里真是个热闹的城市。"

朋友好奇地问："为什么你的想法总是异于常人呢？"

伍登回答说："一点都不奇怪，我是用心里所想的事情来看待，不管是悲是喜，我的生活中永远都充满机会，这些机会的出现不会因为我的悲或喜而改变，只要不断地让自己保持积极的心态，一刻也不停地去行动，我就可以掌握机会，激发更多的潜在力量。"

其实每个人都有伍登那样的潜力，但是大部分人都不能像伍登那样，时刻保持积极的心态去努力。如果每个人都能像伍登一样，那他也一定会是一个有前途的人，并且在行动中不断进步，创造奇迹的可能就会时刻存在。

上帝只拯救能够自救的人

—— 谚语

智慧悟语

生活中，一次次的受挫、碰壁后，奋发的热情、欲望就被"自我设限"压制、扼杀。对失败惶恐不安，却又习以为常，丧失了信心和勇气，渐渐养成了懦弱、犹豫、害怕承担责任、不思进取、不敢拼搏的习惯，这恰恰成为你内心的一种限制。

一旦有了这样的习惯，你将畏首畏尾，不敢尝试和创新，随波逐流，与生俱来的成功火种也就随之熄灭。

有一则小笑话是这样的：

一个人在海上航行，不幸遭遇海难落水。在他拼命挣扎的时候，有一个人划着小船过来救他。他却说，我相信上帝会救我的。那个人只好走开。一会儿又有一只船来救他，他仍然相信上帝会救他。最后他淹死了，到天堂见到上帝后，他不解地问上帝为什么不救他，上帝笑着说："我已经派了两只船去救你了呀！"

点亮人生

科学家做过一个实验：把跳蚤放在桌子上，然后猛拍桌子，跳蚤条件反射地跳了起来，跳得很高。然后科学家在桌子的上方放一块玻璃罩后，再拍桌子，跳蚤再跳撞到了玻璃。跳蚤发现有障碍，就开始调整自己的高度。科学家把玻璃罩往下压，然后再拍桌子；跳蚤再跳上去，再撞上去，跳蚤再调整高度。就这样，科学家不断地调整玻璃罩的高度，跳蚤就不断地撞上去，同时跳蚤不断地调整高度。直到玻璃罩与桌子高度几乎相平。这时，把玻璃罩拿开，再拍桌子，这时跳蚤已经不会跳了，变成了"爬蚤"。

跳蚤之所以变成"爬蚤"，并非它已丧失了跳跃能力，而是由于一次次的受挫学乖了。它为自己设了一个限，认为自己永远也跳不出去，而后来尽管玻璃罩已经不存在了，但玻璃罩已经"罩"在它的潜意识里，罩在心上变得根深蒂固。行动的欲望和潜能被固定的心态扼杀了，它认为自己永远丧失了跳跃的能力。这就是我们所说的"自我设限"。

要挣脱自我设限，关键是要有一颗想成功的心。自己成功属于愿意成功的人。如果你不想去突破，挣脱固有想法对你的限制，那么，没有任何人可以帮助你。不论你过去怎样，只要你调整心态，明确目标，乐观积极地去行动，那么你就能够扭转劣势，更好地成长。

其实，自我设限远远没有你想象的那样恐怖，更不是牢不可破的。只要你摒弃固有的想法，尝试着重新开始，你便会对以前的忧虑和消极的态度报以自嘲。

邓亚萍自小喜欢乒乓球，但她身材矮小，在报名参加省队的时候被拒绝。于是她只有进入郑州市乒乓球队。邓亚萍开始了为了自己的目标进行艰辛的练习。虽然个子矮小被认为没有发展前途，但她始终如一的刻苦训练，最终成为叱咤世界乒坛的风云人物。

很多时候，我们没有实现自己的理想，很大程度上是因为我们没有发掘出自己所有的潜力。确实，每个人的内心包含着巨大的潜能，它有着无限的力量。你必须唤醒心中这个酣睡的巨人，因为它比阿拉丁神灯的所有神灵更为有力——那些神灵都是虚构的，而你的潜能是真实的。

自知者不怨人，知命者不怨天
——荀子

智慧悟语

怨人者穷，怨天者无志。许多人在生活中不如意，就会怪自己的命不好。年轻人找不到工作，埋怨父母没有能耐。在公司里看到别人很快晋升，而自己毫无进展，便怪老板不知赏识人才。遇到挫折、失败的时候，常常想这就是老天注定要我这样云云。

孔子一心一意要改善社会，而置个人的贫富、穷达于不顾。孔子说过："饭疏食饮水，曲肱而枕之，乐亦在其中矣。不义而富且贵，于我如浮云。"但是谁要因此把孔子看作隐士一流的人物，就大错特错了。孔子虽然屡次表示天下无道，可以卷而藏之，而且，对隐者也很尊敬，但他自己一生都是在孜孜不倦地教人，风尘仆仆地在奔波中度过的。为了改善社会，为了求得一个能实现自己的政治理想的地方，他不在意"高人隐士"的嘲笑，有时甚至给人低三下四，婆婆妈妈的印象。孔子当然知道人对他的这些看法，但他丝毫也没有为了潇洒的个人形象而放松，甚至停止过自己的努力。

人的生命是有限的，但改善社会却有做不完的事。孔子说："君子之道费而隐。夫妇之愚，可以与知焉，及其至也，虽圣人亦有所不知焉。夫妇之不肖，可以能行焉，及其至也，虽圣人亦有所不能。"在尽人事的同时，孔子强调"君子"要"知天命"，"不知天命无以为君子"。

当学生问他怎样侍奉鬼神时，孔子说："不知事人，怎能事鬼神呢。"宗教和唯物主义看起来格格不入，相互为敌，但他们都自以为知道了上帝或自然的真谛，对天对人都不严谨，所犯错误是一样的。结果是：一个轻视，放松了人事，一个自以为是，乱改自然。尽人事而不违天命，知天命而不怠懈人事，这是儒家思想留给今人的宝贵启示。

点亮人生

往往在你全力以赴做某件的时候，你甚至可以有预感自己将会取得成功。所以有句话说，人在做，天在看。只要你尽全力，你就有理由相信结果不会差到哪儿去。就算最后不尽如人意，你也不会感到后悔，因为你已经将自己的全部力量发挥出来了。

命运常在给你带来幸福的同时，给你带来不幸。不要奢望一辈子走好运，也不必悲观地去想为何我的人生这样倒霉。只管踏踏实实地认真做好每一件你应该做的事，剩下的交给老天爷去操劳好了。天地之间，人是极为渺小的，所以应以感恩的平常心去对待成败得失，一件事，你想做并做成了，是天道酬勤，是上天对你的恩幸；失败了，是天公不作美，是命运对你的磨炼（虽说这种磨炼实在让人喜欢不起来）。所以，面对失意挫败，要保持泰然自若，不必颓废丧志，更不要逆天道而行。

人生在世，凡事只要尽职尽力，尽本分、尽良心去做，至于做到什么程度，成功与否，只要我们尽力了，倘若不成功或不尽如人意，那也是问心无愧。人生中如果能保持这种心态那么我想人就不会活的那么累态度决定一切，这样的心态人只要心存高远，自然不会怨天尤人。保留积极的，去除消极的，先尽人事，才能后听天命。

一位老妇人的眼睛出现问题已经大半年了，生活一直不能自理。她一直很痛苦，儿女们的压力也很大，多方寻医问药也没有太好的办法。视神经萎缩，对于眼睛来说就是绝症了，后来听说像这样的视神经萎缩，必须在发病后9个小时内正确用药，才有可能挽救。

老妇人在儿女的陪伴下来到北京，又去了一家有名的眼科医院，找专家做了手术。手术是非常成功的，但是由于她没有及时治疗，眼底也出现了病变，因此，虽然视力比手术前提高了，但是仍然没有达到手术前的期望，生活还是无法自理。

于是，儿女们一方面继续找大夫给母亲看病，另一方面也在开导自己的母亲，让她能够接受这样的现实。正如一个大夫所说："您已经到了最好的医院，找了最好的大夫，手术也很成功，剩下的事情就是要您安心调养，您也得面对这样的现实了。"

"尽人事，听天命"，虽然事情的结局不能够令人满意，但是，只要全力以赴地去做了，也就没有什么遗憾，对于事情的结局也需要默默地接受。

如果和"谋事在人、成事在天"这句感觉有一丝听天由命意味的成语相比，"尽人事，听天命"则更是需要表达一种接受现实、面对现实的勇气和心态。

PART 03
你是否配得上
自己所受的痛苦

经一番挫折，长一番见识；容一番横逆，增一番气度

——金兰生

智慧悟语

有一本书曾经这样写道："人生活在这个世界上，总会经历这样那样的烦心事，这些事总是会折磨人的心，使人不得安稳。尤其对于刚毕业的大学生来说，刚到社会中立足，还未完全成长起来，却要承受社会的种种压力，例如待业、失恋、职场压力等折磨，而且大学生本身又是一个敏感脆弱的群体，往往在这些折磨面前束手无策。"

其实，世间的事就是这样，如果你改变不了世界，那就试着改变你自己吧。换一种眼光去看世界，你会发现所谓的"折磨"其实都是促进你生命成长的"清新氧气"。

人们往往把外界的折磨看作人生中纯粹消极的、应该完全否定的东西。当然，外界的折磨不同于主动的冒险，冒险有一种挑战的快感，而我们忍受折磨总是迫不得已的。但是，人生中的折磨总是完全消极的吗？

点亮人生

生命是一次次的蜕变过程，唯有经历各种各样的折磨，才能拓展生命的厚度。只有一次又一次地与各种折磨握手，历经反反复复几个回合的较量之后，人生的阅历才会在这个过程中日积月累、不断丰富。

有个渔夫有着一流的捕鱼技术，被人们尊称为"渔王"。依靠捕鱼所得的钱，"渔王"积累了一大笔财富。然而，年老的"渔王"却一点也不快活，因为他的三个儿子的捕鱼技术都极平庸。

于是他经常向人倾诉心中的苦恼："我真想不明白，我捕鱼的技术这么好，我的儿子们为什么这么差？我从他们懂事起就传授捕鱼技术给他们，从最基本的东西教起，告诉他们怎样织网最容易捕到鱼，怎样划船最不会惊动鱼，怎样下网最容易请鱼入瓮。他们长大了，我又教他们怎样识潮汐，辨鱼汛……凡是我多年辛辛苦苦总结出来的经验，我都毫无保留地传授给他们，可他们的捕鱼技术竟然赶不上技术比我差的其他渔民的儿子！"

一位路人听了他的诉说后，问："你一直手把手地教他们吗？"

"是的，为了让他们学会一流的捕鱼技术，我教得很仔细、很耐心。"

"他们一直跟随着你吗？"

"是的，为了让他们少走弯路，我一直让他们跟着我学。"

路人说："这样说来，你的错误就很明显了。你只是传授给了他们技术，却没有传授给他们教训，对于才能来说，没有教训与没有经验是一样的，都不能使人成大器。"

渔夫的儿子从来都没有经受一点挫折的折磨，他们怎么会获得成长呢？

人生其实没有弯路，每一步都是必须。所谓失败、挫折并不可怕，正是它们才教会我们如何寻找到经验与教训。如果一路都是坦途，那只能像渔夫的儿子那样，沦为平庸。

没有经历过风霜雨雪的花朵，无论如何也结不出丰硕的果实。或许我们习惯羡慕他人的成功，听到他得到的掌声，但是别忘了，温室的花朵注定要失败。正所谓"台上一分钟，台下十年功"，在他们荣光的背后一定有汗水与泪水共同浇铸的艰辛。

所以，一个成功的人，一个有点眼光和思想的人，都要学会感谢折磨自己的人，唯有以这种态度面对人生，才能算真正的成功。

每一种挫折或不利的突变，是带着同样或较大的有利的种子

——爱默生

智慧悟语

人的一生绝不可能是一帆风顺的，有成功的喜悦，也有无尽的烦恼；有波澜不惊的坦途，更有布满荆棘的坎坷与险阻。当苦难的浪潮向我们涌来时，我们唯有与命运进行不懈的抗争，才有希望看见成功女神高擎着的橄榄枝。

苦难是锻炼人生意志的最高学府。与苦难搏击，它会激发你身上无穷的潜力，锻炼你的胆识，磨炼你的意志。也许，身处苦难之时你会倍感痛苦与无奈，但当你走过困苦之后，你会更加深刻地明白：正是那份苦难给了你人格上的成熟和伟岸，给了你面对一切无所畏惧的能力，以及与这种能力紧密相连的

面对苦难的心态。

点亮人生

法国前总统戴高乐曾经说过："困难，特别吸引坚强的人。因为他只有在拥抱困难时才会真正认识自己。"

有一个小伙子在报上看到招聘启事，正好是适合他的工作。第二天早上，当他准时前往应征时，发现前面已排了20个人。

如果换成一个意志薄弱、不太聪明的人，可能会因为人多而打退堂鼓，但是这个小伙子却完全不一样。他认为自己应该动动脑筋，运用自身的智慧想办法解决困难。他不往消极方面思考，而是认真用脑子去想，看看是否有办法解决。

他拿出一张纸，写了几行字，然后走出行列，并要求后面的男孩为他保留位子。他走到负责招聘的女秘书面前，很有礼貌地说："小姐，请您把这张纸交给老板，这件事很重要。谢谢你！"

这位秘书对他的印象很深刻。因为他看起来神情愉悦、文质彬彬，有一股强有力的吸引力，令人难以忘记。所以，她将这张纸交给了老板。

老板打开纸条，见上面写着这样一句话："先生，我是排在第二十一号的男孩。请不要在见到我之前做出任何决定。"

克服困难的一个步骤是学会认真积极地思考。任何失败、任何困难均能通过积极思考来解决。故事中这个会思考的男孩无论到什么地方都会有所作为。虽然他年纪很轻，但是他知道如何去想，如何去认真思考。他已经有能力在短时间内抓住问题的核心，然后全力解决问题，并尽力做好。

实际上，人一生中会遇到许多问题和困难，在遇到问题和困难时我们应把自己当成强者，把困难当作机遇，勇敢地去面对。

把困难当作机遇，把命运的磨难当作人生的考验，忍受今天的苦楚，寄希望于明天的甘甜，这样的人，即便是上帝对他也无可奈何。

见过瀑布的人都知道，美丽的瀑布迈着勇敢的步伐，在悬崖峭壁前毫不退缩，因山崖的碰撞造就了自己生命的壮观。苦难，在不屈的人们面前会化成一种礼物，这份珍贵的礼物会成为真正滋润你生命的甘泉，让你在人生的任何时刻都不会被轻易击倒！

超越自然的奇迹，总是在对厄运的征服中出现的

——李宁

智慧悟语

对于消极失败者来说，他们的口头禅永远是"不可能"，这已经成为他们的失败哲学，他们遵循着"不可能"哲学，一直走向失败。

那些成功的人们，如果当初都在一个个"不可能"的面前因恐惧失败而退却，而放弃尝试的机会，则不可能有所谓的成功的降临，他们也将平庸。没有勇敢的尝试，就无从得知事物的深刻内涵，而勇敢做出决断，即使失败了，也由于对实际的痛苦亲身经历而获得宝贵的体验，从而在命运的挣扎中、愈发坚强、愈发有力，愈接近成功。

只要敢于蔑视困难、把问题踩在脚下，最终你会发现：所有的"不可能"，最终都有可能变为"可能"！

点亮人生

古波斯有位国王，想挑选一名官员担当一个重要的职务。他把那些智勇双全的官员全都召来，想试试他们之中究竟谁能胜任。官员们被国王领到一座大门前。面对这座国内最大的、来人中谁也没有见过的大门，国王说："爱卿们，你们都是既聪明又有力气的人。现在你们已经看到，这是我国最大最重的大门，可是一直没有打开过。你们中谁能打开这座大门，帮我解决这个久久没能解决的难题？"

不少官员远远地望了一下大门，就连连摇头。有几位走近大门看了看，退了回去，没敢去试着开门。另一些官员也都纷纷表示，没有办法开门。这时，有一名官员走到大门下，先仔细观察了一番，又用手四处探摸，用各种方法试探开门。几经试探之后，他抓起一根沉重的铁链子，没怎么用力拉，大门竟然开了！原来，这座看似非常坚固的大门，并没有真正关上，任何一个人只要仔细察看一下，并有胆量去试一试，比如拉一下看似沉重的铁链，甚至不必用多大力气推一下大门，都可以打得开。如果连摸也不摸、看也不看，自然会对这座貌似坚牢无比的庞然大物感到束手无策了。

国王对打开大门的大臣说："朝廷那重要的职务，就请你担任吧！因为你不光是限于你所见到的和听到的，在别人感到无能为力时，你却会想到仔细观察，并有勇气冒险试一试，"他又对众官员说，"其实，对于任何貌似难以解决的问题，都需要我们开动脑筋、仔细观察，并有胆量冒一下险，大胆地试一试。"

那些没有勇气试一试的官员们，一个个都低下了头。

"不可能"只是失败者心中的禁锢，具有积极态度的人，从不将"不可能"当回事。在生活中，我们时常碰到这样的情况：当你准备尽力做成某项看起来很困难的事情时，就会有人走过来告诉你，你不可能完成。其实，"不可能完成"只是别人下的结论，能否完成还要看你自己是否去尝试，是否尽力了。是否去尝试，需要你克服恐惧失败的心理；是否尽力，需要你克服一切障碍，获得力量。以"必须完成"或者"一定能做到"的心态去拼搏奋斗，你一定会做出令人羡慕的成绩。

在积极者的眼中，永远没有"不可能"这样的说法，取而代之的是"不，可能"。积极者用他们的意志、他们的行动，证明了"不，可能"的"可能性"。

只要有足够的意志力、足够的头脑和足够的信心，几乎任何事情都可以做到。不是不可能，只是暂时没有找到方法。不要给自己太多的框框，不要总是自我设限，应该将注意的焦点集中在找方法上，而不是在找借口上。正如哈瑞·法斯狄克所说："这个世界现在进步得太快了，如果有人说某件事不可能做到，他的话通常很快就会被推翻，因为很可能另一个人已经做到了。在信心和勇气之下，只要我们认为可以做到，就可以以科学的方法推翻'不可能'的神话，我们就可能做成任何我们想做的事情。"

逆境是通往真理的第一条道路
——拜伦

智慧悟语

世事常变化，人生多艰辛。在漫长的人生之旅中，尽管人们期盼能一帆风顺，但在现实生活中，却往往令人不期然地遭遇逆境。

　　逆境是理想的幻灭、事业的挫败；是人生的暗夜、征程的低谷。就像寒潮往往伴随着大风一样，逆境往往是通过名誉与地位的下降、金钱与物资的损失、身体与家庭的变故而表现出来的。逆境是人们的理想与现实的严重背离，是人们的过去与现在的巨大反差。

　　每个人都会遇到逆境，以为逆境是人生不可承受的打击，必不能挺过这一关，可能会因此而颓废下去；而以为逆境只不过是人生的一个小坎儿的人，就会想尽一切办法去找到一条可迈过去的路。这种人，多迈过几个小坎儿的，就会不怕大坎儿，就能成大事。

点亮人生

　　德国有一位名叫班纳德的人，在风风雨雨的50年间，他遭受了200多次磨难的洗礼，从而成为世界上最倒霉的人，但这些也使他成为世界上最坚强的人。

　　他出生后14个月，摔伤了后背；之后又从楼梯上掉下来摔残了一只脚；再后来爬树时又摔伤了四肢；一次骑车时，忽然一阵大风不知从何处刮来，把他吹了个人仰车翻，膝盖又受了重伤；13岁时掉进了下水道，差点窒息；一次，一辆汽车失控，把他的头撞了一个大洞，血如泉涌；又有一辆垃圾车，倒垃圾时将他埋在了下面；还有一次他在理发屋中坐着，突然一辆飞驰的汽车驶了进来……

　　他一生倒霉无数，在最为晦气的一年中，竟遇到了17次意外。

　　令人惊奇的是，老人的身体一直很健康，而且心中充满着自信，因为他历经了200多次磨难的洗礼，他还怕什么呢？

　　这位老人没有被逆境和磨难打倒，依然享受着他自己的美丽人生。确实，"自古雄才多磨难，从来纨绔少伟男"，人们最出色的工作往往是在挫折逆境中做出的。我们要有一个辩证的挫折观，经常保持自信和乐观的态度。挫折和教训使我们变得聪明和成熟，正是失败本身才最终造就了成功。我们要悦纳自己和他人他事，要能容忍挫折，学会自我宽慰，心怀坦荡、情绪乐观、满怀信心地去争取成功。

　　如果能在挫折中坚持下去，挫折实在是人生不可多得的一笔财富。有人说，不要做在树林中安睡的鸟，要做在雷鸣般的瀑布边也能安睡的鸟，就是这个道理。逆境并不可怕，只要我们学会去适应，那么挫折带来的逆境，反而会磨炼的我们的进取精神和百折不挠的毅力。

　　挫折让我们更能体会到成功的喜悦，没有挫折我们不懂得珍惜，没有挫折的人生是不完美的。面对逆境，不同的人有着不同的观点和态度。对悲观者而言，逆境是生存的炼狱，是前途的深渊；对乐观者人而言，逆境是人生的良师，是前进的阶梯。逆境如霜雪，它既可以凋叶摧草，也可使菊香梅艳；逆境似激流，它既可以溺人殒命，也能够济舟远航。逆境具有双重性，就看你怎样正确地去认识和把握。

　　古往今来，凡立大志、成大业者，往往都饱经磨难，备尝艰辛。逆境成就了"天将降大任者"。如果我们不想在逆境中沉沦，那么我们便应直面逆境，奋起抗争，只要我们能以坚忍不拔的意志奋力拼搏，就一定能冲出逆境。

PART 04
信念，打开命运之锁的钥匙

没有原则的人是无用的人，没有信念的人是空虚的废物

——列宁

智慧悟语

当你坚信某一件事情时，就无疑给自己的潜意识下了一道不容置疑的命令，有什么样的信念就决定你有什么样的力量。一切的决定、思考、感受、行动都受控于某种力量，它就是我们的信念。坚持自己坚定的信念，就是说无论在何时、何地、何种情况下，都不能改变做事的原则，不能改变前进的目标。

比如愚公，即使智叟嘲笑他，他也不改变信念；比如玄奘，各种困难和荣华富贵也改变不了他心中一心取经的信念。坚定自己的信念是很困难的，人的意志力有时会受到外界的干扰而坚持不住，很容易受到外界的引诱而改变信念。如果能一直坚持到底的人，可能就会被别人认为是怪人。但是越是有偏执狂的人，就越有坚定的信念，就越有持续不断的动力。有位企业家曾说过，一定要结交这种不正常的人，只有这种人才能做出不平凡的事情，各方面都完全正常的人只能做普普通通的事情，不会有多大的成就。

可以说唯有信念才能指引人在困境中前行；唯有信念才可以使人不停地

坚持自己的原则，始终不渝地坚持自己的目标；唯有信念才能使人在失败后一次又一次地从头再来。天下没有滴不穿的石头，只有滴的次数不够的水滴；天下也没有磨不成针的铁杵，只有磨的时间不够长的人。

点亮人生

　　人生的道路有时宽有时窄，有时平坦有时坎坷，有时风景迷人有时景色全无。但是我们能否坚持这样一个信念：生命总是要继续下去。这种不断变化的各种道路其实都是我们生命历程中所经历的，对于我们来说这没有绝对的好与坏，事情本来就是这样的。我们能否以平常的心态来走这不同的路，道路好时坚定自己的信念向前走，道路不好时也要照样坚定自己的信念向前走！

　　不要奢求要达到什么目标，就是坚持自己的信念一直不停地、自信地向前走，我们要坚信这个世界上没有什么改变不了的事情！

　　在诺曼·卡曾斯所写的《病理的解剖》一书中，说了一则关于20世纪最伟大的大提琴家之一——卡萨尔斯的故事。这是一则关于信念和更新的故事。

　　他们会面的日子，恰在卡萨尔斯九十大寿前不久。卡曾斯说，他实在不忍看那老人所过的日子。他是那么衰老，加上严重的关节炎，不得不让人协助穿衣服。呼吸很费劲，看得出患有肺气肿；走起路来颤颤巍巍，头不时地往前颠；双手有些肿胀，十根手指像鹰爪般地钩曲着。从外表看来，他实在是老态龙钟。

　　就在吃早餐前，他贴近钢琴，那是他擅长的几种乐器之一。他很吃力地坐在旁边钢琴凳子上，颤抖地把那勾曲肿胀的手指抬到琴键上。

　　霎时，神奇的事发生了。卡萨尔斯突然像完全变了个人似的，显出飞扬的神采，而身体也开始活动起来，仿佛是一位的钢琴家。卡曾斯描述说："他的手指缓缓地舒展移向琴键，好像迎向阳光的树枝嫩芽，他的背脊直挺挺的，呼吸也似乎顺畅起来。"弹奏钢琴的念头完完全全地改变了他的心理和生理状态。当他弹奏巴赫的一首曲子时，是那么纯熟灵巧，丝丝入扣。随之他弹起勃拉姆斯的协奏曲，手指在琴键上像游鱼轻快地滑着。"他整个身子像被音乐融解，"卡曾斯写道，"不再僵直和佝偻，代之的是柔软和优雅，不再为关节炎所苦。"

　　在他演奏完毕，离座而起时，跟他当初就座弹奏时全然不同。他站得更挺，看起来更高，走起路来双脚也不再拖着地。他飞快地走向餐桌，大口地吃着，然后走出家门，漫步在海滩的清风中。

我们常把信念看成是一些信条，而它就真的只能在口中说说而已。但是从最基本的观点来看，信念是一种指导原则和信仰，让我们明白人生的意义和方向，信念是人人可以支取且取之不尽的；信念像一张早已安置好的滤网，过滤我们所看到的世界；信念也像脑子的指挥中枢，指挥我们的脑子，按照所相信的去看事情的变化。卡萨尔斯热爱音乐和艺术，那不仅会使他的人生美丽、高贵，而且每天都带给他神奇。

就是信念，让他每天从一个疲惫的老人化为活泼的精灵，是信念，让他活下去。

斯图尔特·米尔曾说过："一个有信念的人，所发出来的力量，不亚于99位仅心存兴趣的人。"这也就是为何信念能开启卓越之门的缘故。

若能好好地控制信念，它就能发挥极大的力量，开创美好的未来；反之，它也会让你的人生毁灭。

可以说，信念是一切奇迹的萌发点。

罗杰·罗尔斯是美国纽约州历史上第一位黑人州长，他出生在纽约声名狼藉的大沙头贫民窟。这里环境肮脏，充满暴力，是偷渡者和流浪汉的聚集地。在这儿出生的孩子，耳濡目染，他们从小逃学、打架、偷窃甚至吸毒，长大后很少有人从事体面的职业。然而，罗杰·罗尔斯是个例外，他不仅考入了大学，而且成了州长。

在就职那天的记者招待会上，一位记者向他提问："是什么把你推向州长宝座的？"面对300多名记者，罗尔斯对自己的奋斗史只字未提，只谈到了他上小学时的校长——皮尔·保罗。

1961年，皮尔·保罗被聘为诺必塔小学的董事兼校长。当时正值美国嬉皮士流行的时代，他走进大沙头诺必塔小学时，发现这儿的穷孩子比"迷惘的一代"还要无所事事。他们不与老师合作，旷课、斗殴，甚至砸烂教室的黑板。皮尔·保罗想了很多办法来引导他们，可是没有一个是奏效的。后来他发现这些孩子都很迷信，于是在他上课的时候就多了一项内容——给学生看手相，他用这个办法来鼓励学生。

当罗尔斯从窗台上跳下，伸着小手走向讲台时，皮尔·保罗说："我一看你修长的小拇指就知道，将来你是纽约州的州长。"当时，罗尔斯大吃一惊，因为长这么大，只有他奶奶让他振奋过一次，说他可以成为5吨重的小船的船长。这一次，皮尔·保罗先生竟说他可以成为纽约州的州长，着实出乎他的意料。他记下了这句话，并且相信了它。

从那天起，"纽约州州长"就像一面旗帜，罗尔斯的衣服不再沾满泥土，他说话时也不再夹杂污言秽语。他开始挺直腰杆走路，在以后的40多年间，他没有一天不按州长的身份要求自己。51岁那年，他终于成了纽约州长。

信念是任何人都可以免费获得的，相信自己，信念能让人创造奇迹。一个人拿到一副坏牌，一定要从心底树立一个坚实的必胜信念。树立信念，你就有希望扭转局势。

在荆棘的道路上，唯有信念和忍耐才能开辟出康庄大道

——松下幸之助

智慧悟语

一个没有信念的人，只能平庸地活着；反过来，拥有信念就能不畏任何艰难，因为信念的力量惊人，它可以改变恶劣的现状，形成令人难以置信的圆满结局。

生活中的任何改变，工作旅程的任何一部分，都是从心灵的路程开始的。真正的变化来自内心，生活就是不断解决各种问题的一个过程。无论做什么事情，只要精神高度专一并有耐心，无论遇到多大的困难都不轻言放弃，奇迹都是有可能发生的。

点亮人生

有一句禅语叫：掬水月在手。天空的月亮太高，凡人的力量难以企及，但是开启智慧，掬一捧水，月亮美丽的脸就会笑在掌心。

关键是人在生命的极点时，在完全不可能的情况下，主观是否奋力一搏，是否愿意还能挣扎一下？

遗憾的是，很多时候，我们的精神先于我们的身躯垮下去了。

人在任何时候都不应该放弃信念和希望，信念和希望是生命的维系。只要一息尚存，就要追求，就要奋斗。其实，大自然始终在启迪着人们——在春花秋叶舞蹈般潇洒的飘落里，蕴含着信念和希望；巨大岩石的裂缝中钻出的小草，昭示着信念和希望；不断被山风修改着形象的悬崖边的苍松和手心水中的明月无不向我们展示着信念和希望。朋友，在任何时候，无论处在什么样的境遇，都不要放弃希望和信念，如果你的心灵已太久不曾有过渴望的涌动，请你轻轻地将它激活，让它焕发健康的亮色。

一场突然而至的沙尘暴，让一位独自穿行大漠者迷失了方向，更可怕的是连装干粮和水的背包都不见了。翻遍所有的衣袋，他只找到一个泛青的苹果。

"哦，我还有一个苹果。"他惊喜地喊道。

他攥着那个苹果，深一脚浅一脚地在大漠里寻找着出路。整整一个昼夜过去了，他仍未走出空阔的大漠。饥饿、干渴、疲惫，一齐涌上来。望着茫茫无际的沙海，有好几次他都觉得自己快要支撑不住了，可是看一眼手里的苹果，他抿抿干裂的嘴唇，陡然又增添了些许力量。顶着炎炎烈日，他又继续艰难地跋涉。三天以后，他终于走出了大漠。那个他始终未曾咬过的青苹果，已干巴得不成样子，他还宝贝似的擎在手中，久久地凝视着。

在人生的旅途中，我们常常会遭遇各种挫折和失败，会身陷某些意想不到的困境。这时，不要轻易地说自己什么都没了，其实只要心灵不熄灭信念的圣火，努力地去寻找，总会找到能渡过难关的那一个"苹果"。攥紧信念的"苹果"，就没有穿不过的风雨、涉不过的险途。

所以，无论面对怎样的环境，面对多大的困难，都不能放弃你的信念，放弃对生活的热爱。因为很多时候，打败自己的不是外部环境，而是你自己。

对于凌驾命运之上的人来说，信念是命运的主宰

——海伦·凯勒

智慧悟语

信念是人们在一定的认识基础上，对某种思想理论、学说和理想所抱的坚定不移的观念和真诚信服与坚决执行的态度，是认识、情感和意志的融合和统一，是一种综合的精神状态，不是一种单纯的知识或想法。在本质上，信念表达的是一种态度。

圣雄甘地通过自己在南非的经历，尤其是用于捍卫反抗殖民者暴力统治的权利，建立了他对于非暴力的信念，而他敢于运用非暴力，不但是因为他的

宗教情结，更是因为他了解英国的法律。所以，对于信仰和法制的信念，他坚信非暴力可以取得胜利。

甘地的一生，充满沉静、执着、乐观和仁爱，这些都是来自于他的信仰和信念。对于这些价值的坚持，使得他成为一名真正意义上的信仰者……不仅仅表现在宗教仪式，而是深信并身体力行。

点亮人生

信念会影响我们的情绪，导致我们的行为发生改变。卓越的人生应该是有坚定的信念和良好的意志力，信念引导行动。有信念就是相信自己，相信自己的人就会产生一种暗示，能够自我激励。不同的信念活出不同的人生。

画家谢坤山在16岁时因为一场高压电打击的意外，使他失去了一个眼睛，失去了双手和一条腿。这样的打击谁都很难承受，但是他决定认真面对，他说他从来不去看他所失去的，只想着他还拥有的！他努力学习用口衔笔作画，现在成为一个激励许多年轻学子的榜样。一个足以毁灭一个人的意外，让可能一辈子做苦工的年轻人蜕变为被全球各处邀请演讲的知名讲员，苦难成就了他与众不同的人生。

当意外发生时，亲朋好友看到肢体残疾的谢坤山，纷纷认为不要救，让他一走了之。然而，他的母亲却独排众议，坚持一定要救他，她说："即使把他救醒了，只要他能再喊一声'妈'，这样就够了！"就因为这一句话，谢坤山砥砺自己："你没有理由放弃自己啊！你没有理由把妈妈要给你的第二次生命，过得忧伤悲愁，你应该去找你人生的方向、生命的出口。"

外界虽不能把握，行动却可以产生力量。力量的源泉就来自于坚强的信念。信念，是精神上的一种特殊能力。真正意义上的信念，永远是不可战胜的。在它的面前，一切障碍都得低头。

只要心头有一个坚定的信念，努力拼搏，就一定会渡过难关。在困境中，如果你认为自己真的失败了，那么，你就会一蹶不振，如果你对自己说："一定要坚持！"那么，你就会走过险途，获得胜利。

PART 05
从绝望之山劈希望之石

黑夜无论怎样悠长，白昼总会到来
——莎士比亚

智慧悟语

希望是生命不竭的源泉所在。它是引爆生命潜能的导火索，是激发生命激情的催化剂。对生活充满希望的人，每天都将过得生机勃勃、激昂澎湃，即使他身处逆境，也会忘记叹息和悲哀，不会把生命浪费在一些无足轻重的小事上。

成功学大师拿破仑·希尔说："没有任何东西能够换取希望对于人的价值。当我们面对失败的时候，当我们面对重大灾难的时候，我们都应该将人生寄托于希望，希望能够使我们淡忘自己的痛苦，为我们汲取继续走向成功的力量。"

点亮人生

心怀希望的人，无论自己面临多么恶劣的环境，都能够乐观对待。正如英国诗人托马斯·胡德所说："即使到了我生命的最后一天，我也要像太阳一样，总是面对着事物光明的一面。"

要想永远乐观很简单，就要每天给自己一个希望。

在一个偏僻的村落里，有一位历尽沧桑的老人。由于命运的捉弄，她几乎经历了一个女人所能遭遇的一切不幸。然而她却用一颗满盛着希望的心灵演绎了一个幸福美丽的人生。18岁时，她嫁给了邻村的一个生意人，可刚结婚不久，丈夫外出做生意，便一去不回。有人说他死在了响马的枪下，有人说他病死他乡了，还有人传说他被一家有钱人招了去，当了养老女婿。当时，她已经怀了孩子。

丈夫不见踪影几年以后，村里人都劝她改嫁。没有了男人，孩子又小，这寡居的生活到什么时候是个头？她没有走。她说丈夫生死不明，也许在很远的地方做了大生意，没准哪一天发了大财就回来了。她被这个念头支撑着，带着儿子顽强地生活着。她甚至把家里整理得更加井井有条。她想，假如丈夫发了大财回来，不能让他觉得家里这么窝囊寒酸。这样过去了十几年，在她儿子17岁那一年，一支部队从村里经过，她的儿子跟部队走了。儿子说，他到外面去寻找父亲。

不料儿子走后又是音信全无。有人告诉她说她儿子在一次战役中战死了。她不信，一个大活人怎么能说死就死呢？她甚至想，儿子不仅没有死，反而是做了军官，等打完仗，天下太平了，就会衣锦还乡。她还想，也许儿子已经娶了媳妇，给她生了孙子，回来的时候还是一家子人了。

尽管儿子依然杳无音信，但这个想象给了她无穷的希望。她是一个小脚女人，不能下田种地，她就做绣花线的小生意，勤奋地奔走四乡，积累钱财。她告诉人们，她要挣些钱把房子翻盖一下，等丈夫和儿子回来的时候住。

有一年她得了大病，医生已经判了她死刑，但她最后竟奇迹般地活了过来，她说，她不能死，她死了，儿子回来到哪里找家呢？这位老人一直在村里健康地生活着，过了百岁的年龄，她依然做着她的绣花线生意，她天天算着，她的儿子给她生了孙子，她的孙子也该生孩子了。这样想着的时候，她那布满皱纹与沧桑的脸上，即刻会容光焕发。

每天给自己一个希望，所以故事中的老人才能顽强而快乐地生活。

在不断前进的人生中，凡是看得见未来的人，就一定有能力把握现在，因为他内心始终存在着美丽的风景，他知道自己的人生将走向何方。留住心中的"希望种子"，你就会有一个无可限量的未来，心存希望，任何艰难都不会成为我们的阻碍。只要怀抱希望，生命自然会充满激情与活力。

每天给自己一个希望，我们就能够充满勇气地面对自己的生活，而不是将时间花费在无尽的悲哀和苦闷上，生命有限但希望无限，每天给自己一个希望，我们就能够拥有一个丰富多彩的人生。

如果你没法做希望做的事，就应当做你能够做的事

——谚语

智慧悟语

天下没有过不去的火焰山，没有过不去的坎，天无绝人之路。这些都是前人们的人生感悟。不要对这些老话嗤之以鼻，仔细去品味，其中都充满韵味。现代社会生活节奏加快，压力巨大，每天都有人因为各种原因结束自己的生命，或者生活在巨大的痛苦之中。但是，这样做真的有必要吗？与其痛苦、绝望，不如往积极的方面想想。不论条件和环境多么差，只要活着，总能有所改变。穷则变，变则通。

充满希望的人，不会无所事事，虚度时日，时刻有坚定的心态，积极的行动。凡是有所成就的人，向来如此，他的人生经历也许很曲折坎坷，但绝对充实饱满，这就叫人生阅历。阅历丰富的人不会绝望。因为一旦绝望，他就失去行动的动力，生活便成为一潭死水。

点亮人生

在我们的周围，有很多人之所以没有成功，并不是因为他们缺少智慧，而是因为他们在面对事情的艰难时没有做下去的勇气，他们自认为已陷入绝境，只知道悲观失望。

其实，人生没有绝望的处境，只有对处境绝望的人。即使自己是一粒细沙，

也要相信自己能够成为一颗珍珠。只有抱着这样的信念，我们才能走向成功。

有一位穷困潦倒的年轻人，身上全部的钱加起来也不够买一件像样的西服。但他仍全心全意地坚持着自己心中的梦想，他想做演员，当电影明星。好莱坞当时共有500家电影公司，他根据自己仔细划定的路线与排列好的名单顺序，带着为自己量身定做的剧本前去一一拜访，但第一遍拜访下来，500家电影公司没有一家愿意聘用他。

面对无情的拒绝，他没有灰心，从最后一家被拒绝的电影公司出来之后不久，他就又从第一家开始了他的第二轮拜访与自我推荐。第二轮拜访也以失败而告终。第三轮的拜访结果仍与第二轮相同。但这位年轻人没有放弃，不久后又咬牙开始了他的第四轮拜访。当拜访到第350家电影公司时，老板竟破天荒地答应让他留下剧本先看一看。他欣喜若狂。几天后，他得到通知，请他前去详细商谈。就在这次商谈中，这家公司决定投资开拍这部电影，并请他担任自己所写剧本中的男主角。不久这部电影问世了，名叫《洛奇》。

这位年轻人的名字就叫史泰龙，后来他成了红遍全世界的巨星。

其实，陷入绝望的境地往往是对今后的路没有信心，或者是对曾经得到而又失去的东西感到痛心，所以有人会因此而绝望。人常说，"绝境逢生"，这个词能够出现就有它出现的道理，很多时候，有些事情看起来是没有回旋的余地了，但只要不放弃，很可能就会出现转机。

常言道："留得青山在，不怕没柴烧。"任何时候，只要人在就有希望，遇到任何处境都不至于绝望，流过血，流过泪，付出了汗水，痛哭过后，擦干眼泪，一切可以重新开始。

所以，不论是遇到什么困难，不论困难在现在看来是如何的糟糕，千万

我们迷惘是因为丢失了最初的那颗心

不要以为没有了办法。也不要因为一次失败就认为自己无能，每一个人的成功几乎都是由不断失败，再不断爬起来才成长起来的。或者每当觉得开始绝望的时候，多鼓励自己再试一次，很可能会让自己跨越了苦难的沼泽地，给自己一个机会，生活的机会才会留给自己。

我们必须接受有限的失望，但是千万不可失去无限的希望

——马丁·路德·金

智慧悟语

我们所有的思想和情感都能给予我们力量并能激励我们的行动和改变我们的生活。但是，在这些力量中，哪一个是最有力的？有的人说是"爱"。在开始时，我也同意这种说法，但再一想，我认为应该是希望。字典里对希望的解释是：希望是达到的某种目的或出现的某种情况。要知道，一个人只要有希望，世界上没有他不能忍受的事。

点亮人生

临床医生和护士认为，希望对病人的生与死有决定性的影响，所以他们总是给予病人最大的希望。

失去了希望，就等于失去了活力、生气和诞生的理由。希望，是世界上最珍贵的礼物。如果你或者你认识的人正在与疾病、压抑，或坏习惯做斗争的话，希望，即对事件趋向好转的坚定信心，正是你所需要的，而且越多越好。

然而，希望给人的是美好的，绝望给人的却是悲惨的。那么，不用说，大家都知道，人们只是喜欢希望，而厌恶绝望。可是，希望比天都高的时候，肯定绝望就会比海更深了。我们的眼里、心中只肯容纳美好的希望，就是不能容纳丑陋的绝望。既然我们的审美观都是一样相似，可是绝望依然猖狂地成长着。

你的成长源于你拥有的一个接一个的梦，从心开始，寄予希望，寄予盼望。

第四篇

你幸福了吗

PART 01

幸福有标准吗

生活中最大的幸福是坚信有人爱我们

——雨果

智慧悟语

爱心是在别人遭遇困难时伸出的一只手，爱心是你投入募捐箱里的一枚钱币，爱心是对失败者一个鼓励的眼神，爱心是对自卑者一个明媚的微笑……

当一个人得到他人的爱心，那么这个人是幸福的，因为在自己最孤立无援的时候，能得到别人无私的帮助；当一个人奉献自己的爱心，那么，这个人也是幸福的，因为他虽然可能会失去一些东西，却得到了心灵的愉悦和灵魂的升华。正如巴尔德斯所说："把别人的幸福当作自己的幸福，把鲜花奉献给别人，你的心中也会春暖花开。"

爱心是没有贵贱之分的，只要你想真心地帮助一个人，无论你献出的是一沓崭新的纸币，还是一个简单的微笑，是鼎力相助，还是几句安慰的话语，你都会受到同样由衷的感激，因为在爱的天平上，它们是等量的。

在现实生活中，爱心似乎离我们越来越远了。公交车上，一位青年把座位让给年过七旬的老大爷，当我们为之感动时，部分人却对此嗤之以鼻，把这说成"虚伪";大马路上,一位老人被撞倒在地,好心人把老人送往医院却被说成是"肇事者"……我们不禁发问,究竟该如何让爱心远离凄风苦雨,像鲜花一样绽放出最迷人、最灿烂的花朵呢?

哲人说:"没有比足音更遥远的路途,没有比行动更美好的语言。"放开顾忌,揭去隔阂,带上一份坦诚与爱心,在漫漫的人生旅途中,让我们学着陶渊明,执杖撒子,播下无数爱的种子,也是幸福的种子。每当走得累了、乏了,回头看看,你会发现身后的路是一片花团锦簇,美不胜收,这就是你收获的幸福。

点亮人生

上天给予每个人的爱是一样多的,只是有些爱在不经意间从指缝中溜走,有些爱我们曾拥有过,现在却已远离,有些爱我们正在拥有着,却未曾感受到。直到失去的那一刻才发现这份爱是如此珍贵。为什么拥有时却没有发觉过,没有珍惜过,没有付出过,没有感动过……

在马斯顿一个偏远的小镇，有一个小名叫贡捷的女孩。她从小愤世嫉俗，富有正义感和同情心，她7岁皈依天主教，18岁进入修道院，在她以后70多年的人生中都在与那些在饥饿和死亡线上挣扎的人们同甘共苦。哪里有战争，哪里发生自然灾害，哪里有瘟疫流行，哪里就有她的身影。她先后在115个国家建立543个收容所、孤儿院和艾滋病疗养中心。她"给贫穷者中之最贫穷者，卑贱者中之最卑贱者点燃了爱的明灯"，她被称为"贫困者之母"。她就是受世人景仰的诺贝尔和平奖获得者——特蕾莎修女。特蕾莎修女一生都在为救助世界上最无助的人而操劳、忙碌，她把自己的一切都献给了慈善事业。

上天的恩赐不是让你失去时才懂得珍惜，而是要在没有失去时学会发现身边的爱，拥有现在的爱，学会保护，学会关心，学会回报，这样的你才会幸福快乐。

幸福不是一个目标，而应该是一个过程，是与人生同步的一个过程。拥有爱就会拥有幸福。爱的过程就是一种幸福的过程。人大多时候都在关注自己所没有的而忽略了自己所拥有的，所以心灵总是处于饥渴状态，有无穷无尽的欲望需要一一填补，活得很累，自然也就幸福不起来，而拥有一颗感恩而充满爱的心则会拥有更多的幸福。

一个年轻的女子和男友拌了几句嘴，俩人便赌气说要分手。偏偏她在工作中又遇到了一些挫折，老板每天拿着不信任的目光看着她，她感觉人生一下子跌到了低谷。极度郁闷中，她甚至想到了自杀。

一天晚上，女子坐在灯下写遗嘱，反反复复写了几遍都觉得不合适。这时她的父亲端着一杯浓茶进来了，轻轻地将茶放在女儿的桌前。看到了满地的纸团，父亲心疼地摸摸她的头："又在写文章吗？不要太累着自己了。"女儿抬起头来，正迎上了父亲慈爱的目光。她端起茶来，轻轻地啜了一口，这一刻，她深深地感到久违的幸福又回到了身边，它就在这一杯浓茶里，就在父亲的眼神里。自杀的念头顿时消散得无影无踪了。

岁岁年年花相似，年年岁岁人不同。有些爱即使重来，有些人却已不在，生命因爱而美丽，也会因失去爱而凋零。重来与不重来并不重要，重要的是在失去中我们学会了去珍惜身边的爱，懂得在乎你拥有的东西。心疼你的父母，天冷时打个电话，带去问候；过节时，回家陪陪父母，这是他们最大的欣慰；爱你的朋友，生日时发条短信，送上你的祝福。朋友有难时，出手相助，即便是平平淡淡的几句话也是一种安慰。记住那些关爱你的眼神，记住那些爱你的亲人。不要因一次的失去而看淡整个世界，丧失生存的勇气，放弃你拥有的美好和幸福。失去的不会再回来，懂得把握现在的，拥有就是幸福。不要等到重来的时候，才知道拥有爱比失去爱更幸福。

只要你有一件合理的事去做，你的生活就会显得特别美好

—— 爱因斯坦

智慧悟语

幸福——无数人为之疯狂，为之迷惘。但真正能得到幸福的往往是那些将生活融入忙碌中的人，这些人很少让自己停下来，总能让自己有事做。其实幸福的真谛就是这样，想让自己幸福的人就必须克服空虚，而要克服空虚就必须有事做。

有事做的人之所以能感到幸福，是因为他们时时刻刻都被他们所做的事情充实着，他们的心远离空虚，拥有一种满足感。李白是幸福的，他幸福是因为他没有因不能做官而萎靡不振，而是乐此不疲地从事他的诗文创作；苏轼是幸福的，他幸福是因为他没有在坎坷的仕途中颓废，而是一直过着让自己充实的生活；牛顿也是幸福的，他幸福是因为他总是站在巨人的肩膀上寻求真理，孜孜不倦地做着事情。幸福就得有事做，忙碌之中自会有幸福来报到。

点亮人生

当您在做完一件事时，那种从心底油然而生的幸福感就会如浩浩荡荡连绵不断的海水涌上心头。幸福就是望着自己制作的小船在水中荡漾，随波漂荡；幸福就是看着自己栽下的小树一天天伸枝展叶；幸福就是看着自己生产的商品被一件件推销出去。用这些实际行动换取的幸福比起某些人为了得到幸福而缘木求鱼，整天空想着如何得到幸福要划算得多。爱迪生的幸福就是研制出了两千多项发明，莱特兄弟的幸福就是制造出了世界上的第一架飞机，罗斯福的幸福就是领导美国走出了经济危机，贝多芬的幸福就是创作了无数广为流传

的名曲……幸福里我们并不遥远，只要我们认认真真地去做好自己手中的事，在做事的过程中慢慢地去体会。

幸福就在生活中，有事做的人更懂生活，他们拥有更多的生活经验，更能够品味生活的乐趣，获得的幸福也就会更多。生理上的病痛和心灵上的打击并不能击垮我们读懂生活，体验幸福的脚步。谁都没有也无法夺走你享受幸福的权利，只要你不以毫无幸福感为托词，一蹶不振，而是充满信心去做一件事，那么，你的生活就会充满幸福。

抛开懒惰，在行动中寻找幸福。

对于大多数人来说，他们认定自己有多幸福，就有多幸福

——林肯

智慧悟语

幸福属于情感世界，是一种感觉，即一种满足感。幸福是无处不在的，每个人都有属于自己的幸福，要自己去发现、去把握。只是有时人要求太多，因此而没有见到那些本身就拥有的幸福。善于抓住幸福的人才懂得什么是幸福。世上最珍贵的，不是得不到，也不是已失去，而是把握住眼前幸福。

人活着是为了生活得更快乐、更幸福，而幸福生活要自己去努力争取。这种追求和努力让单调乏味的工作充满生趣，可以让你身心健康，生活得和平而安逸。

其实生活即是奋斗和收获，人生短暂，但应有合适目标，无论做什么总要有所作为，生活应丰富多彩，应不断求索，不断追求奋斗，尽管前进的道路上有汗水可能还有眼泪，也要不断奋斗、永不方言弃。

许多人在经过岁月流年后才明白，幸福很简单。其实，只要心灵有所满足有所慰藉即是幸福。

点亮人生

一个人的幸福并不代表是否他拥有什么，而在于他怎样看待所拥有

的。生活并不缺少快乐，缺少的是你发现快乐的眼睛。

　　也许你并不富有，但你有健康身体；也许你没有令人羡慕的地位，但你有个幸福美满家庭；也许你不出名，但你有宁静而不受干扰的生活。一些人刻意地追求所谓的快乐，付出了巨大代价后却仍然感觉一无所有，因为他违背了幸福的含义。

　　幸福只是一种个人的感觉罢了。生活本来就有太多的诱惑，太多的追求和渴望会让原来简单纯粹的人生变的迷茫与困惑起来。什么是幸福？每个人的答案和标准都不同，不过有一点是肯定的——活着就是幸福，可以看到早上升起的太阳是一种幸福，可以听到家人在餐桌上唠叨个没完那也是一种幸福，可以和好朋友插科打诨也是种幸福……幸福很多很多，而在于你有没有认真体会它。

　　幸福，好比时光老人给每个人每天24小时一样均等，只是，因每个人的态度不同而使幸福变得不公平，悲观的人认为，幸福是那遥不可及的地平线，可望而不可即；乐观的人认为，幸福就在身边……

　　一个幸福的人不是由于他拥有的多少，而是懂得发现和寻找，且具有博大的胸襟、雍容大雅的风度。很多时候，幸福就像野草一样蔓延疯长，像空气一样弥散于四周，只要你留意，得到它其实很简单。人所处的环境不同，但凡福祸相依，苦乐参半，只要从容处世，看淡得失，积极努力地发掘生活中美好的一面，幸福的感觉就会接踵而来的。幸福其实就在我们身边、就在我们眼前、就在时空的分秒间……

醉心于某种癖好的人是幸福的

——萧伯纳

智慧悟语

每个职场中人，都有自己的工作，每天上班下班，按工作范围和程序行事。有的人参加工作几十年，大小有个头衔，上有领导，下有部属，工作兢兢业业，处世谦虚谨慎，等完成一天的工作，已是身心疲惫。时间长了，免不了对职业产生怠惰，对别人缺乏热情。使自己的生活单调枯燥，人生缺乏色彩，生存的质量大打折扣。而业余爱好正是丰富人生的添加剂，是愉悦身心的有效药。

人们的业余爱好，按各人的秉性脾气、文化程度、经济社会条件不同而各式各样。比如，爱运动的人，有条件的就可以经常去游游泳，打打羽毛球。一般老百姓起码也可以早晨跑跑步，晚饭后散散步，有钱的老板可以进高档会所去愉悦身心，强身健体。一些爱好文学的人可写写诗，填填词。爱好戏剧的可参加票友会。有的人"吹拉弹唱，琴棋书画"样样爱好，是为上乘。这些业余爱好，可使一个人的人生丰富多彩，有滋有味，可使一个人的身心健康乐观，生活充实。

其实，人都是需要有一点爱好的。能够将爱好与事业结合起来自然是一件愉快的事情，但对于大多数人来说，工作和爱好是很难统一的。倘若你的日常工作不能发挥你的创造力，甚至压抑了你的天性、埋没了你的"本事"，那么你该另找一种业余爱好，才不至于浪费自己的才华；倘若你的职业使你精力疲倦，又觉得单调乏味，你也该另找一种业余爱好，借以舒畅身心，调节情绪。

点亮人生

有爱好的人是值得交往的，这样的人起码是一个快乐的人，一个充实的人，交往起来会很有"味道"。我们可以有自己的业余爱好，可以爱好写作、爱好摄影、爱好书法、爱好赛车、爱好垂钓、爱好旅游、爱好收藏古玩。因此，一个鲜活的爱好是有滋有味、有情有趣的。

一个人爱好什么，是很随心的，爱好往往是发自内心的一种冲动。人各有志，爱好不同。不良嗜好会影响工作和生活，甚至会贻害自己，所以选择适当的爱好可以遵循这样三条原则：一是自己确实感觉到有趣的，而不是随波逐流；二是对自己身心健康有利，而不能玩物丧志；三是可持续发展的，不能三分钟热度，因为越是到年老越需要有爱好。如果人活一辈子没一点爱好，那是很可悲的。

但爱好与工作不同，两者不能混淆。工作一定要尽心尽力去做好，而爱好就是爱好，想做就做，不想做就不做。没有任何压力，也缺少功利色彩。爱好写作不一定要成为作家，热爱书法不一定去当书法家。喜欢唱歌高兴了就唱几句，不管它是不是跑调八千里，因为并非要去做歌唱家。

一个人可以有一种或者多种爱好，但个人的爱好绝对不能影响工作、影响家庭，更不能妨碍别人。非得把爱好当成是"崇高"的追求不可，非要闹出点动静搞出点名堂来不可，患得患失，自寻烦恼，那就失去了爱好的本意，失去快乐的享受了。

PART 02
世上有值得
抱怨的事吗

跌了跤，埋怨门槛高

——谚语

智慧悟语

在日常工作和生活中，我们随处可以找到喜欢抱怨的人。抱怨自己的专业不好，抱怨住处很差，抱怨没有一个好爸爸，抱怨工作环境差、工资少，抱怨空怀一身绝技却无人赏识。其实，现实中总有太多的不如意，但就算生活给你的是垃圾，你也同样可以把垃圾踩在脚底下，让它助你登上世界之巅。

或许你正住在一间条件并不好的小屋中，

而你却渴望拥有宽大而干净的房屋，但现实是，你并没有条件拥有这样的房子。怎么办？发发怨气，就会有人送给你吗？那只是做白日梦。眼下你要做的是凭借你自己的能力把小屋布置得更实用、更雅致、更舒适。

让屋子里整洁，尽自己所能，将它布置得温馨而又朴素大方；精心做好一些简单的食物，把普通的饭桌收拾得整齐利落；如果你买不起地毯，那就让微笑和热情当作地毯铺满你的小屋——这样的房间，即使经受风吹雨打也不会摇摆坍塌。

其实，没有一种生活是完美的，也没有一种生活会让一个人完全满意，我们做不到从不抱怨，但我们至少应该让自己少一些抱怨，并且多一些积极的心态，不断地去努力进取。

点亮人生

请停止无休止的抱怨吧！把抱怨的时间用于付出的努力上，你才能进入崭新的、更友善的环境中。毕竟抱怨于事无补，反而会给你带来伤害。下面我们就来细数一下抱怨的坏处，从而给你不抱怨的理由。

分内的事情你可以逃过不做吗？既然不管心情如何，工作迟早要做，那何苦叫别人心生不快呢！有发牢骚的工夫，还不如动动脑筋想想办法：事情为什么会这样？我所面对的可恶现实与我所预期的愉快工作有多大的差距？怎样才能如愿以偿？

没有人喜欢和一个满腹牢骚的人相处。再说，太多的牢骚只能证明你缺乏能力，无法解决问题，才会将一切不顺利归于种种客观因素。若是你的上司见你整日哼哼唧唧，他恐怕会认为你做事太被动，不足以托付重任。

同事只是你的工作伙伴，而不是你的兄弟姐妹，就算你句句有理，谁愿意洗耳恭听你的指责？每个人都有貌似坚强实则脆弱的自尊心，没有人必须对你的冷言冷语一再宽容。很多人会介意你的态度："你以为你是谁？"何况也会有很多人不会把你的好放在心上，一件事造成的摩擦就可能使对方认为你一无是处。

理由已经很充分，现在缺少的就是行动。让我们远离抱怨，重新发现生命的可爱，重新拥抱生活的阳光，好运气也会随之而来。

生活就是一面镜子，你笑，它也笑；你哭，它也哭

—— 萨克雷

智慧悟语

为什么抱怨的人会说生活得这么累，因为他只看到了自己的付出，而没有看到自己的所得，而不抱怨的人即使真的很累，也不会埋怨生活，因为他知道，失与得总是同在的，一想到自己获得了那么多，真是高兴啊。

人生中有哪一种生活是完美的？有哪一种生活能尽如我意？没有。对此我们能毫无抱怨吗？似乎也不能。但我们起码可以让自己少一些抱怨，而多一些积极的心态，因为如果抱怨成了一个人的习惯，就像搬起石头砸自己的脚，于人无益，于己不利，生活就成了牢笼一般，处处不顺，处处不满，反之，则会明白，自由的生活着，其实本身就是最大的幸福，哪会有那么多的抱怨呢？

我相信一句话：如果你想抱怨，生活中一切都会成为你抱怨的对象；如果你不抱怨，生活中的一切都不会让你抱怨。

有些时候那些不顺心的日子，我们也总感觉活得真烦。在寻找了千百种理由之后，当我们回首曾经走过的那些岁月，也许会发现，其实生活赐予自己的，并没有与别人有什么本质的不同，不同的仅仅是我们的胸襟中是不是具有一份"平淡与坦然"。所以，忧伤痛苦的时候，与其躲在角落里抱怨，不如把痛苦和磨难当作提高自我的"垫脚石"，当作进步阶梯的"扶手"，当作是生活对自己的一份馈赠。假如生活给我们的只是一次又一次的失意，一次又一次的磨难，其实，这也没什么，因为那只是命运剥夺了我们活的高贵的权利，但并没有夺走我们活的快乐和自由的权利。

点亮人生

在做一件事情的时候，你是否问过自己："我做过的事情，是否让我自己满意？"如果目前你能做的事情、你所处的位置连你自己都不满意，那说明你还没有做到卓越。

如果一个人满足于现状，满足于给别人打江山，那么，他就永远只能是一个打工仔。要想改变自己受人"折磨"的现状，必须改变你自己。

　　李嘉诚年轻的时候在一家塑胶公司工作，他业绩优秀，步步高升，前途光明。如果是一般人，对此也许心满意足了，然而，此时的李嘉诚虽然年纪很轻，但通过自己不懈的努力，在他所经历的各行各业中都有一种如鱼得水之感，他的信心一点一点地开始膨胀起来。他觉得这个世界在他面前已小了许多，他渴望到更广阔的世界里去闯荡一番，渴望能够拥有自己的事业，闯出自己的天下。

　　他的老板自然舍不得放他离去，再三挽留，但李嘉诚去意已决。老板见挽留不住李嘉诚，并未指责他"不记栽培器重之恩"，反而约李嘉诚到酒楼，设宴为他饯行，令李嘉诚十分感动。

　　席间，李嘉诚不好意思再加隐瞒，老老实实地向老板坦白了自己的计划：

　　"我离开你的塑胶公司，是打算自己也办一家塑胶厂，我难免会使用在你手下学到的技术，也大概会开发一些同样的产品。现在塑胶厂遍地开花，我不这样做，别人也会这样做。不过我绝不会把客户带走，不会向你的客户销售我的产品，我会另外开辟销售线路。"

　　李嘉诚怀着愧疚之情离开塑胶公司——他不得不走这一步，要赚大钱，只有靠自己创业。这是他人生中一次重大转折，他从此迈上了充满艰辛与希望的创业之路。

　　正是要求改变现状的欲望改变了李嘉诚的一生。你是否有改变自己的强

　　人都有一种思想和生活的习惯，就是害怕自己的环境改变和思想变化，大多数人喜欢做大家经常做的事情，而不喜欢做需要自己变化的事情。很多时候，我们没有抓住机会，并不是因为我们没有能力，也不是因为我们不愿意抓住机会，而是因为我们惧怕改变。人一旦形成了思维定式，就会习惯地顺着定式的思维思考问题，不愿也不会转变方向、换个角度想问题，这是很多人的一种愚顽的"难治之症"。

　　能够勇敢地面对变化，其实是超越了自己，这样的人自然很容易获得成功。比尔·盖茨就是一个的例子。比尔·盖茨还是一名学生的时候，在学校过着非常舒适的大学生活，如果走出校园去创业，就是一个很大的变化，但是比尔·盖茨毅然决定改变现状，他凭着自己的才华和毅力终于成为世界上首屈一指的富翁。

　　在生活的旅途中，我们总是经年累月地按照一种既定的模式运行，从未尝试走别的路，这就容易衍生出消极厌世、疲沓乏味之感，从而心生抱怨，所以，不换思路、不思改变，生活就会单调乏味。很多人走不出思维定式，所以他们走不出贫穷；而一旦走出了思维定式，也许可以看到许多别样的人生风景，甚至可以创造新的奇迹。因此，从舞剑可以悟到书法之道，从飞鸟可以造出飞机，从蝙蝠可以联想到电波，从苹果落地可悟出万有引力……常爬山的应该去跋山涉水，常跳高的应该去打打球，常划船的应该去驾驾车。换个位置，换个角度，换个思路，寻求改变，也许你的命运就会在一瞬间得到改变。

不抱怨的好习惯，不仅净化自己的心灵，也温润人与人之间的关系

——邱德才

智慧悟语

　　在生活中，我们事事要求公平，要求按照自己的意愿发展。如果稍出差错就觉得老天对自己不公平，抱怨或牢骚就产生了。抱怨是一种心理不平衡的反应，是一种追求完美的心理和情绪化心态的外在表现。

你周围有没有这样的朋友？他每天都会有许多不开心的事，总在不停地抱怨。你喜欢和这样的人打交道吗？生活中，每个人都会遇到烦恼，明智的人会一笑了之，因为有些事是不可避免的，有些事是无力改变的，有些事情是无法预测的。能补救的应该尽力补救，无法改变的就该坦然面对，调整好自己的心态做该做的事情。

无法挽回的东西就忘掉它；有机会补救的，要抓住最后的机会。后悔、埋怨、消沉不但于事无补，反而会阻碍前进的脚步。

只要你看开生活中的不公平，它就再也伤害不了你，反而会成为一种激励你上进的力量。300年前，弥尔顿在失明后，也发现了同样的真理："思想的运用和思想的本身，就能把地狱造成天堂，把天堂造成地狱。"

拿破仑和海伦·凯勒就是弥尔顿这句话的最好例证：拿破仑拥有一般人所追求的一切——荣耀、权力、财富——可是他却对妻子说："我这一生从来没有过一天快乐的日子。"而海伦·凯勒——又瞎、又聋、又哑——却表示："我发现生命是这样的美好。"

点亮人生

别人给我的痛苦、烦恼，我不喜欢，因此我也不愿加给任何一个人痛苦、烦恼。你说一个人能够做到这样的修养，多了不起！

生活中，每一个人都将面对很多的不如意，有很多人在做着简单的工作，有些人怀才不遇，苦于自己的才华得不到赏识。但如果你总是抱怨，我的职业不好，我的职位不好，我的环境不好……你就会为没有取得好成绩找出成千上万个理由。这就会对你造成心理暗示，使你敷衍生活，敷衍工作，以为凡事只做到差不多、说得过去、不让别人挑出毛病来就行了。殊不知，这种"并不多"导致的最后结果却是"差很多"，生活的烦恼痛苦反而越来越多。

要知道，对生活不抱怨，用积极的态度面对，自然也会成为快乐的人。只因为生活中一扇门如果关上了，必定有另一扇门打开。失去了这种东西，必然会在其他地方有所收获。关键是你要有乐观的心态，相信有失必有得，以更明智的态度面对今后的生活。

生活中处处都有不公平，如果人们一味地自爱自怜：上天为什么对我这么不公平？只会让自己在痛苦的深渊中越陷越深。相反，如果你坚强一点，学会利用你的不公平，它就可能转变为你的财富。

第五篇

健康，上帝赐予人类最珍贵的礼物

PART 01
节制和劳动是人类的两个真正医生

养生之道，常欲小劳
——孙思邈

智慧悟语

劳动对健康长寿很有好处。据调查，世界上没有一个长寿的人是懒汉，也没有一个高龄老寿星是厌恶劳动的。高龄老人，大多数是从事体力劳动的人，他们都有热爱劳动的良好习惯。科学研究证明，劳动是健康长寿的一个必要条件。

我国唐代著名医学家孙思邈，活到101岁，他在总结健身长寿的经验时说。"养生之道，常欲小劳。"意思是说，要健康长寿，必须经常参加一些力所能及的体力劳动。

据报道，有52个90岁以上的老年人，平均寿命为102岁，最大年龄111岁，其中经常从事体力劳动的有48人，从事脑力劳动的四人。这四个从事脑力劳动的人，也经常在空余时间，参加一些适当的体力劳动。

经常参加体力劳动，为什么能使人健康长寿呢？人们都有体会，参加劳动以后，饭量增加，消化良好，觉睡得香甜。这些都说明，体力劳动能使人体各种功能得到增强，尤其是能增强抵抗疾病的能力。劳动可以加强心脏、肝脏、肾脏、肠胃等内脏的功能，还可以调节神经系统的功能，使神经系统的各种反射更加敏锐。可见经常参加一些轻微的体力劳动，能增强体力，使新陈代谢旺盛，对健康长寿很有帮助。

点亮人生

很早人们就注意到，从事体力劳动的人，动脉硬化的发病年限比较迟，老年以后，动脉硬化的程度也比较轻。实践证明，动脉硬化的人，城市比农村发病率高，脑力劳动者比体力劳动者发病率高。适当参加体力劳动有助于防止动脉硬化。

有的老年医学工作者认为，老年人参加劳动最好选择他们喜爱的项目，比如养花、种菜等。那么他参加这种劳动的时候，就会感到精神愉快，也不容易疲劳，对身心健康更为有利。

孙思邈是我国唐代著名医药学家，对于养生保健，他常以"流水不腐，户枢不蠹"来比喻，提出"养性之道，常欲小劳"。"小劳"就是适度劳动。孙思邈年轻时常常荷锄挎篓，长途跋涉，步入深山老林采药。直到晚年，他仍然坚持参加力所能及的劳动。他在居住地附近开辟了一个药圃，栽培各种药用植物。尽管他"幼遭风冷，屡造医门，汤药之资，罄尽家产"，体质孱弱，但最终仍享102岁的高寿，且建树颇丰。

古今中外的寿星，大多是勤于"小劳"的实践者。有人对新疆地区部分长寿者进行调查，发现73%的寿星都是长期从事农业劳动的农民。广西巴马地区的90岁以上的老人，几乎全是体力劳动者。日本对一些百岁以上老人的调查也发现，有半数在75岁时，1/3的老人在80～84岁时仍没有中断体力劳动。至于脑力劳动者中的寿星，也几乎无不热爱劳动或喜好运动。这方面的例子不胜枚举。

宋代大文豪苏东坡说："农夫小民，终岁勤苦而未尝告病，此何其故也？夫风霜雨露寒暑之变，此疾之所由生也。农夫小民，盛夏力作，而穷冬暴露，其筋骸之所冲犯，肌肤之所浸渍，经霜露而狎风雨，是故寒暑不能为之毒。今王公大人处于重屋之下，出则乘舆，风则袭裘，雨则御盖，凡所以虑患之具莫不备至。畏之太甚而养之太过，小不如意，则寒暑入之矣。是故养生者，使之能逸而能劳，然后可以刚健强力，涉险而不伤。"

随着社会的发展，现代人的体力劳动日趋减少，劳动强度亦大大降低。过于安逸少动，致使机体各系统、器官的功能降低，免疫力下降，导致种种疾病的发生。人们把一些体态肥胖，四肢疲软，易患糖尿病、冠心病等疾病者，称为"现代闲逸病"患者。不少专家认为，消除"现代闲逸病"的方法就是"勤"，不可忽视劳动的健身作用，要勤于参加各种生产劳动或体育锻炼，以达到养生、健体的目的。

劳动为什么有助于健康长寿呢？首先，劳动能运动形体、流畅气血、锻炼筋骨，起到调节精神的作用。经常劳动，可以促进饮食的消化，增加冠状动脉的血流量，改善心肌的营养和新陈代谢，增强神经、肌肉的弹性和张力。其次，体力劳动是防止早衰的重要手段之一。步入中年之后，随着年龄的增长，人体的组织器官都会出现老化。经常劳动的人，因"用进废退"，可增加肌肉的新陈代谢，减慢生理性萎缩，从而有效地防止或延迟关节僵直、骨质疏松等衰老现象的发生，为健康长寿打下良好基础。

运动敲开永生的大门
——泰戈尔

智慧悟语

大自然中精美奇妙的工作，必须不停地循序活动着，才能靠其计划得以完全。

关于运动的重要，我们听人讲的不少，书上写的也很多，只是仍有许多人不加注意。有的人因为身体内部各器官都壅塞了，反就显得肥胖了；还有些人变得羸屦瘦弱，这是因为体内的精力都为消化过量

的饮食而耗尽了。血液的不清，使肝脏的负担过分的滤清之责，疾病于是就发生了。

凡是终日坐着的人，无论冬夏，只要天晴，每日应该作些户外的运动。走路比坐车好，因为能牵动更多的肌肉，而且可使肺部活动。急步行走的时候，肺就不能不加快工作。这种运动对于身体大多都要比吃药好些。

医生常劝病人出国，到什么温泉或名胜的地方去改换水土，但大数的人，只要能饮食节制，举行散心快乐的运动，往往就能够把病治愈，如此，既省时间，又省金钱。

牧师、教员、学生和其他用脑力的人，常常因为用脑过甚，且无体力的运动来调节，以致生病。这些人所缺少的，就是一种更活动的生活。绝对节制的习惯，加以适当的运动，就足以保持身体和脑力双方的强健，且能加增用脑之人的耐久力。

点亮人生

不活动是酿成疾病的一个原因。运动能加增并调和血液的循环，但在安闲的时候，血液便不能流畅，以致身体所一刻不能少的血液的更换，便受阻止，皮肤也因之麻木了。血液因运动而流畅，皮肤常在健康的情形中，肺内充满了新鲜的空气，体内不洁之物，就可以尽量地排泄了。但不活动呢？体内一切污物都堆积起来了，排泄器官就负了双重的担子，疾病也因之而生了。当身体不活动时，血液循环便趋于迟滞，筋肉的体积与力量也就减退了。

身体运动，舒畅地享用空气和日光——上天厚赐予人的恩物——便能将生命与体力赋予许多瘦弱可怜的病人不可怂恿虚弱久病的人，终日无所活动。虚弱久病的人，如果没有什么可以供他们的消遣和注意，他们的思想就要集中在自己身上，脾气就变得急躁易怒；而且他们往往就整天地专想不快乐的事，保存着恶劣的心绪，把自己的环境和前途，看得比现实的景况更坏，以致一点事也不能做了。因为缺少运动而损害了身体，丢了性命。较比死于操劳过度的人还多，锈坏了的比磨坏了的更多。凡可在户外作适当运动的人，大概血液循环系统功能都良好的，而且生命力、精力都是非常旺盛的。

早起运动，在户外悠游自在地漫步于清新的空气中，栽培花卉、果木和蔬菜，对于人体血液循环而言是必需的。这也是安全的保障，可以避免伤风、咳嗽、脑出血，或脑溢血、肝炎、肾炎、肺炎以及其他各种病症。

PART 02
生命不能承受
过劳之重

*只知工作不知休息的人，犹如没
有刹车的汽车，其险无比*

——福特

智慧悟语

　　随着现代生活节奏的加快，人们的工作陷入各种坎坷、挫折、磨难和那些不顺心、不如意的事情中，这些令人不快的事情让人感觉疲倦、无奈和痛苦。所以，越来越多的人走进了一个工作的误区，让心灵和身体处在无尽的忙碌状态中，他们以为这样就没有时间烦恼和痛苦了。结果却恰恰相反，他们疲于奔命，只是让自己又陷入另一个烦恼、痛苦的旋涡。事实上走出烦恼，远离痛苦的方法只有一个；学会工作，学会休息，让工作和休息融洽地结合在一起，才是最好的生活。

　　休息不是一种空虚状态，也不是一段假期，休息是工作与娱乐的合二为一，工作因为这种结合而变得崇高。有位伟人说："乐意工作的人，身心永远年轻，而能把工作与休息变作一种乐趣的人，是天下最聪明的人。"因此，当工作是一种快乐时，生活是甜的；当工作是一种负担时，生活是苦的。

点亮人生

健康的时候，人们会忘记肉体，专注地从事各自的工作，而当健康受影响时，人们才感觉到肉体的痛苦。

曾经有一位医生替一位成就卓越的实业家看病，劝他多多休息。实业家恼火地抗议："我每天承担巨大的工作压力，没有一个人可以分担一丁点儿的业务，大夫，你知道吗？我每天都得提着一个沉重的手提包回家，里面装的是满满的文件呀！"

"回家就该休息了呀！为什么晚上还要批那么多文件呢？"医生很奇怪地问道。

"那些都是当天必须处理的急件。"实业家不耐烦地回答。

"难道没有人可以帮你忙吗？你的助手、副总呢？"

"不行啊！这些只有我才能正确地批示呀！而且我还必须尽快处理，要不然公司怎么办？"实业家摆出一副不屑的样子。

"这样吧，我现在给你开个处方，你能否照办？"医生没有理会实业家，似乎心里已经有了决定。

实业家接过处方——"每个星期抽空到墓地走一趟，每天悠闲地散步两小时。"

"每个星期抽空到墓地走一趟？这是什么意思？"实业家看到处方很是惊讶。

"我知道你看了处方会很惊讶，"医生不慌不忙地回答，"我希望你到墓地走一趟，看看那些已经与世长辞的人的墓碑，他们中有许多人生前与你一样，甚至事业做得比你更大，他们中也有许多人跟你现在一样，什么事都放心不下，如今他们全都长眠于黄土之中，然而整个地球的转动还是永恒不断地进行着。谁离开这个世界地球都照样转。我建议你每个星期站在

墓碑前好好想想这些摆在你面前的事实，也许会得到一些解脱。"

听到这里，实业家安静了下来，悄悄与医生道别。他按照医生的指示，放缓生活的步调，试着慢慢转移一部分权力和职责，一年后，让他想不到的是这一年企业业绩反倒比以往任何一年都好。

没有什么事值得你牺牲健康去换取，地球离开谁都会转动，你离开健康，生命的质量就会下降。这位医生所开的处方非常奇异，却十分有效。到墓地去走走，看看那些不管曾经多么叱咤风云的人物最终都要宁静地长眠于地下。受到这样的震撼，实业家终于改变了对自己健康的态度。

当我们正在为生活疲于奔命的时候，生活已经离我们而去

——约翰·列侬

智慧悟语

无休无止的快节奏生活给现代人带来丰厚的物质回报的同时，也给人们带来了心理的焦虑、精神的疲惫和健康的每况愈下。

1989年，意大利记者、美食评论家卡洛·佩特里尼成立了"国际慢餐协会"，拉开了全球"慢生活"运动的帷幕。"慢生活"不是懒惰、无所作为和不思创新。放慢生活的速度也不是故意拖延时间，而是让我们做事有计划性，清理掉不必要的应酬和耗时项目，让生活更有效率，希望人们活在一个更美好的世界。它是一种平衡，该快则快、能慢则慢，尽量以音乐家所谓的正确的节奏来生活。

"慢生活"追求的最佳心理状态应该是"工作再忙心不忙，生活再苦心不累"。就让我们从身边的一点一滴做起，从慢慢吃开始，放慢生活的脚步。让生活在"加急时代"的你、我、他，学会珍视健康，享受生活。

点亮人生

40岁的阿利是一位IT高级主管，他的好脾气在单位是出了名的，但最近部门的销售形势出现了"瓶颈"，尽管大家都很卖力，但业绩榜上还是"吃

白板"。

有一天，总经理关起门，"和颜悦色"地给他上起了销售培训课，即便没有一句训斥的话，可他还是觉得脸上挂不住。恰巧，工作一向认真的助理丽丽把一份报告打错了，于是一股无名之火窜了上来，他拍着桌子，把报告扔到了丽丽头上，小姑娘眼泪滴滴答答地往下流，他还仍然扯着嗓子不罢休！后来冷静下来，他自己也觉得有些失态，很是懊悔。

其实，这些坏情绪都是压力带来的，当压力越来越大，你的情绪就越来越差。然而，这还不是最可怕的，一旦压力超过了你的心理承受极限，大脑神经系统功能就会紊乱，出现失眠、头痛、焦虑、强迫、心慌、胃部不适等精神症状和躯体症状，进而引发身体疾病。

长期从事快节奏工作的人还会出现神经衰弱的各种症状，例如，烦躁不安、精神倦怠、失眠多梦等神经症状，以及心悸、胸闷、筋骨酸痛、四肢乏力、腰酸腿痛和性功能障碍等其他症状，甚至可能引发高血压、冠心病、癌症等疾病。可以说，快节奏工作的人永远在寻找"奶酪"，但永远无法跷起二郎腿享受"奶酪"。

如今，"慢运动"正越来越受青睐。事实上，"慢半拍运动"在国外早就开始流行了，很多人长期坚持"每天一万步"的健身方法。如在离家还有一段距离，下车步行回去，周末到近郊散步。"慢运动"可以为常常心急火燎的人"去去火"，就在慢慢走的同时，你将收获身心的健康和愉悦。因"慢运动"具有塑身、减压、美容、治病等功效，所以成为不少上班族的首选。更多的人不希望做"时间的奴隶"，在运动中适度地放慢节奏，对人自身来说，是一种和谐。对于压力大的上班族来说，慢运动是更适合的一种运动。

PART 03
去浮戒躁最养生

一张一弛，文武之道
——《礼记》

智慧悟语

紧张而繁忙的都市生活让现代人在忙中变成了"茫人"。他们不懂得及时刹车，及时休息，整天将自己像根绳子一样紧紧地绑在一个地方，久而久之，身体像大楼一样渐渐垮塌，精神也萎靡不振，对生活和工作造成严重影响。除了基本的健康知识和恰当的消息外，保持我们健康体魄的关键还在于乐观的心态与正确的生活方式。

点亮人生

在第一台蒸汽机的轰鸣声中，人类进入了工业时代。这个时代以速度为尊，一切追求快节奏、高效率，只有竞争，只有不断"搏出位"才能获得短暂的"安全感"。可是，这却让老年疾病年轻化，人类病谱复杂化，死亡的降临神速化。

2002年1月22日，澳大利亚年纪最大的寿星洛基特欢庆了他的111岁生日，家人为他举行了隆重的庆祝活动。1891年出生的洛基特曾在欧洲参加过第一次世界大战，多次负伤，是目前澳大利亚健在的一战老兵中年纪最大的一位。洛基特有三子一女，年龄都在70岁以上，和父亲一样，他们的身体也都十分健康。洛基特被他所居住的城市看作是"镇城之宝"。在他111岁生日的庆祝活动上，身体依然十分硬朗的洛基特希望自己能够成为世界上最长寿的人。当人们问到他长寿的秘诀时，洛基特毫不犹豫地说："保持乐观，永远都不要着急！因为忧虑会令你折寿。"

英国时间专家格斯勒曾说："我们正处在一个把健康变卖给时间和压力的时代。"而且，这种变卖是不需要任何契约的，是以一种自愿的方式把我们的健康甚至幸福抵押出去。

这就是我们这个时代的主旋律，在这样的社会大环境下，各个年龄阶段的人都无一幸免，不知不觉被卷进"快餐生活"的大潮。可是我们很快就发现快餐生活危害健康。

一只小老鼠在路上拼命奔跑，乌鸦问它："小老鼠，你为啥跑得那么急？歇歇腿吧。"

"我不能停，我要看看这条道的尽头是个啥模样。"小老鼠回答，继续奔跑。一会儿，乌龟问："你为啥跑得这么急？晒晒太阳吧。"小老鼠依旧回答："不行，我急着去路的尽头，看看那里是啥模样。"一路上，问答反复。

小老鼠从来没有停歇过，一心想到达终点。直到有一天，它猛然撞到了路尽头的一个大树桩，才停下来。

"原来路的尽头就是这个树桩！"小老鼠喟叹道。

更令它懊丧的是，它发现此时的自己已经老迈："早知这样，还不如好好享受那沿途的风景，该多美啊……"

事实上，乐观的心境与健康的身体离我们并不远，只要我们懂的张弛有度的生活，就能获得它的垂青。现代都市人想要健康少病，在日常生活中注意一个"慢"字是非常重要的，在一定程度上可以说是养生保健的关键。

养生宜动，养心宜静。动静适当，形神共养，培元固本，才能使身心健康

——杨志才

智慧悟语

在医学上，"过劳死"属于慢性疲劳综合征，是超负荷工作导致的过度劳累所诱发的未老先衰、猝然死亡的生命现象。现在社会上受到"过劳死"威胁的主要是记者、企业家和科研人员。

据调查，目前新闻工作者中有79%死于40~60岁，平均死亡年龄45.7岁。此外，中科院的调查显示，科研人员的平均死亡年龄在52.23岁，15.6%死于35~54岁。而一项对中国3539位企业家的调查显示，90%的人表示工作压力大，76%的人认为工作状态紧张，25%的人患有与紧张有关疾病，而上海、北京、广州三地的企业高管慢性疲劳综合征罹患率最高。

如今"过劳死"这个词开始频繁地出现在人们的生活中，也让很多人开始反思自己的生活，关注自己的健康。但是，紧张的工作、现实的压力，让很多人在担心、害怕一段时间后，又恢复了以往忙碌的生活，甚至比以前更忙，于是，"过劳"继续侵蚀着人们的健康，并且变本加厉。

点亮人生

利奥·罗斯顿是美国最胖的好莱坞影星。1936年，在英国演出时，他因心肌衰竭被送进汤普森急救中心。抢救人员用了最好的药，动用了最先进的设备，仍没挽回他的生命。

临终前，罗斯顿曾绝望地喃喃自语："你的身躯很庞大，但你的生命需要的仅仅是一颗心脏！"

罗斯顿的这句话，深深触动了在场的哈登院长，他流下了泪。为了表达对罗斯顿的敬意，同时也为了提醒体重超常的人，他让人把罗斯顿的遗言刻在了医院的大楼上。

1983年，一位叫默尔的美国人也因心肌衰竭住进了医院。他是位石油大亨，他在美洲的十家公司陷入危机。为了摆脱困境，他不停地往来于欧亚美之间，最后旧病复发，不得不住进来。他在汤普森医院包了一层楼，增设了五部电话和两部传真机。当时的《泰晤士报》是这样渲染的：汤普森——美洲的石油中心。

默尔的心脏手术很成功，他在这儿住了一个月就出院了。不过他没回美国。他回到苏格兰乡下有一栋别墅，这是他10年前买下的，他在那儿住了下来。

1998年，汤普森医院百年庆典，邀请他参加。记者问他为什么卖掉自己的公司，他指了指医院大楼上的那一行金字。不知记者是否理解了他的意思，总之，在当时的媒体上没找到与此有关的报道。

后来人们在默尔的一本传记中发现这么一句话："富裕和肥胖没什么两样，也不过是获得超过自己需要的东西罢了。"

在效率就是生命的大时代中，人们以"工作奴隶"的形象出现在职场，为了成绩、为了加薪，为了保住工作岗位，每个人都在拼命。累死一个人对家庭而言重于泰山，对企业和用人单位而言却是轻于鸿毛，但一个人被累死的影

响不应止于此。

今天，我们认真审视"过劳死"，体味着在物质和精神双重困境下的挣扎。其实，面对死亡的最大意义在于，不论你是老板还是打工者，为了我们自己和身边的每个人都能像正常人一样生活，从现在开始，让生活的脚步慢下来吧！

日本"过劳死"预防协会认为，一旦有下述表现，你可能已经身陷"过劳"之中：

1. 过早地挺起"将军肚"。30岁~50岁就大腹便便，出现高血脂、高血压等。

2. 脱发乃至早秃。每次洗澡都会掉许多头发，提示压力大，精神紧张。

3. 性能力下降。人到中年，男子阳痿或性欲减退，女子过早闭经，都是健康衰退的第一信号。

4. 记忆力减退，甚至忘记熟人的名字。

5. 精力很难集中。

6. 睡着的时间越来越短，睡醒仍感疲乏。

7. 头痛、耳鸣、目眩。

8. 经常后悔，情绪易波动，易怒、烦躁、悲观，且难以控制。

9. 经常爱上厕所，小便频繁，尤其是面临突发事件时。

养身之道，以"君逸臣劳"为要
——曾国藩

智慧悟语

"生于忧患，死于安乐"谁人都不陌生，这句话同样适用于养生。人们一旦享受了安逸就意志消沉，从而丧失了积极奋斗的心。在养生中，一味地享受安逸，不利于身体健康，一味地纵欲更是于身有害。人活着，就不应该过分安于现状，只懂得贪图欢乐。

曾国藩对于逸与劳的辩证关系有着自己的见解。养身之道，省思虑、除烦恼，二者皆所以清心，"君逸"之谓也；行步常勤，筋骨常动，"臣劳"之谓也。阁下虽自命为懒人，实则懒于"臣"而不甚懒于"君"。盖早岁偏激之处至今尚未尽化，放思虑、烦恼二者不能悉蠲。以后望全数屏绝，不轻服药，当可渐渐奏效。所以他无论何时都时常自省，来审查自己是否滋养与安逸的温床，忘记了忧患。更是时刻提醒自己，警醒自己，纵欲的后果。

虽然曾国藩的嗜好给他带来种种益处，但是曾老也时常为自己过分沉溺于其中而感到懊恼。"每日除下棋看书之外，一味懒散……日内荒淫于棋，有似恶醉而强酒者，殊为愧悔。"他总是将自己处于一种紧张的状态之中，时刻准备好迎接命运的挑战。他更是用书中先哲的例子教育自己"职分所在，虽曰读古书，其旷官废弛，与废于酒色游戏者一也。庄生所谓臧穀所业不同，其于亡羊均也"。

点亮人生

世上的人们所尊崇看重的，是富有、高贵、长寿和善名；所爱好喜欢的，是身体的安适、丰盛的食品、漂亮的服饰、绚丽的色彩和动听的乐声；所认为低下的，是贫穷、卑微、短命和恶名；所痛苦烦恼的，是身体不能获得舒适安逸、嘴里不能获得美味佳肴、外形不能获得漂亮的服饰、眼睛不能看到绚丽的色彩、耳朵不能听到悦耳的乐声。我们总是在无形之中一步步朝着安逸靠近，一步步远离忧患意识，最终慢慢地走向死亡。

就拿鱼和飞蛾的一生来对比。它们的一生虽简短而平凡，却各有不同。飞蛾的前大半生是生活在蛹里的，它在里面沉默地生活、成长。终于到了破蛹而出的时刻，可飞蛾的身体每向前移一步，身上便要承受蛹壳的割划，就像安徒生笔下在王子的舞会中翩翩起舞的小美人鱼，一边美丽着，一边承受着锥心之痛……终于，飞蛾战胜了磨难，扑向蓝天，与白云共舞。

鱼一生都生活在柔软的水中，它的生活是安逸顺畅的。每当风浪即将来临，鱼便慌乱地游到水面，东游西窜，惊慌失措，风浪一到便躲到水底再也不敢出来。终于有一天，鱼碰到了自己所谓的"磨难"，这磨难只是碰掉了一块鳞，鱼就怕得不得了，在担惊受怕中鱼把自己生生地吓死。鱼其实是可以不死的，如果它能够懂得居安思危，正视苦难，早早地锻炼悠游的能力，它自然可以在风浪中活得逍遥自在。

人们活着应该时刻有一种忧患的意识，只有这样才能更加注重关心自己的身体，不会养尊处优，丢掉延年益寿的机会。

第六篇

舍与得,
人生最大的选择题

PART 01
以舍为得，
屈伸自如

君子有所为，有所不为

—— 孔子

智慧悟语

　　"君子有所为，有所不为。""有所为"是主动选择，"有所不为"是敢于放弃。一个人能力再强、精力再多，也不可能无所不为，什么都想做只能是什么也做不好，选好自己应该做的才是最关键的。

　　譬如，世间行业千千万万，哪行做好了都能赚钱。每天都有企业垮台、破产，每天同样也有新的企业诞生。经营任何一种行业的商人，都应经营自己熟悉的主业，把它研究深、研究透，方能成为该行业的老大。

　　作为一个成熟的商人，你要学会放弃，那些你不熟悉的行业，千万不要轻易进入。看到别人在赚钱，不要眼红心动，否则，今天的投资，意味着明天的垮台！

　　商人们，千万不要有了点钱，就认为什么生意都可做，什么行业的钱都想赚！

　　作为领导也是这样，有些领导喜欢揽权，大事小事都要亲力亲为，结果人累得够呛，事情也没办好。其实，很多时候，我们真需要后退，因为后退是为了更好地前进！我们都有这样的感觉：赛跑时，先将身体重心后移，再向前跑，这是为了积蓄起跑的力量；打拳时，先将手缩回，再出拳击打，这样出拳的力量才更大；劳动清雪时，先将锹后摆，再向外扬，这样雪才会听话地被送出很远。

当我们成功时，适当地后退，是享受喜悦之余能保持清醒的头脑；失意时，适当地后退，是调节自己失落的心情，冷静思考；愤怒时，适当地后退，是缓解失衡的心理，调节良好的心态……

点亮人生

艾森豪威尔在他的《远征欧陆》一书中，说马歇尔"轻视那些事必躬亲的人，他认为那些埋头于琐细小事的人，没有能力处理战争中更重要的问题"。他讲美国的军事原则是："为战区司令官指定一项任务，给他提供一定数量的兵力，在他执行计划的过程中，尽可能少加干涉。"如果他的战果不能令人满意，"那么，正当的办法不是对他们进行劝说、警告和折磨，而是用另一个司令官替代他"。

艾森豪威尔在这里讲的"琐细小事"和"尽可能少加干涉"的内容都是指有所不为的范畴。战区司令官对那些琐细小事有所不为，是为了集中精力研究整个战区的大事，要在全局上有所为；更高一级的统帅对战区的事情少加干涉，也正是要研究更大的战略问题，在更高的层次、更广泛的意义上有所为。因此，不妨说有所不为才能有所为。

很多人都梦想能拥有一份好工作，这份工作最好是能带来财富、名声、地位，为人称羡。但事实上，在激烈的市场竞争中，已经没有哪一种工作是真正的热门行业，无论何种工作，都无法提供完全的保障。那么如何以不变应万变，取得一份较为实际，同时又富含理想色彩的工作呢？以下建议不妨一试：

首先，放长线钓大鱼。没有哪份职业是永远的热门。选择行业要充分考虑自己的兴趣、能力，你的就业磨合期以及这

一职业的未来前景。

其次以智能求生存。你需要不断充电，不仅做个"专才"，更要做复合型人才。

再次，个人主导生活，选择有丰厚收入的工作原本无可厚非，但不能放弃其他的追求，如自由时间、健康和幸福的家庭等。因此，一份相对自由、能充分发挥个人才智的工作将更受人的青睐。

有所为有所不为，有利于集中力量，把宝贵的、有限的资源用在最急需的地方，争获最佳的效益；有利于集中人力、物力、财力办更大、更重要的事情；有所为、有所不为需要胸有全局、目标高远，心中无数、虚浮懒散者做不到有所为有所不为。胸有全局是能分清轻重缓急、该取该舍、科学规划、科学设计；目标高远是瞻前顾后、虑及未来，以高度的责任感和使命感对待自己的选择。

为了更好地一跃而后退

——列宁

智慧悟语

人生时空本就是圆的。在我们的世界里，既有前面的半个世界，还有后面的另外半个世界。第二个世界就叫作"回头"。

后退，适当的后退，绝不意味着认输，绝不意味着妥协，更不意味着失败，它是为了更好地前进！

只有你在做好后退一步的准备之后，才有可能厚积薄发，走得更远、更踏实。正如老子说："以退为进，以与为取"，这种思想是很值得我们借鉴的。人们常说"知进退为英雄"，讲得也是这个道理。很多时候，我们会觉得烦恼无尽，其实不过是自己走不出一个心理的误区，不懂得遇事要学会刚柔相济、柔而克刚；同时更不相信后退原来是向前的道理。适时的后退是一种眼光、是一种境界，还是一种生存和处世的智慧。

点亮人生

退一步海阔天空，退是一种积蓄的生命姿态。君不见，运动健将在冲跳前往往有后退的姿势；拉弓射箭必须架弓在弦上，呈屈退的状态。只有这样，才能跳得高、射得远。

以退为进，是人生的一种大智慧。退步并不是忍让和怯懦，而是坚韧和刚强，真正的大丈夫是能屈能伸的，退只是表象，蓄势待发才是本质。

退步本身就是在前进，退是在积蓄前进的力量，正所谓磨刀不误砍柴工。

一位学僧斋饭之余无事可做，便在禅院里的石桌上作起画来。画中龙争虎斗，好不威风，只见龙在云端盘旋将下，虎踞山头作势欲扑。但学僧描来抹去几番修改，仍是气势有余而动感不足。

正好禅师从外面回来，见到学僧执笔前思后想，最后还是举棋不定，几个弟子围在旁边指指点点，就走上前去观看。学僧看到禅师前来，就请禅师点评。

禅师看后说道："龙和虎外形不错，但其秉性表现不足。要知道，龙在攻击之前，头必向后退缩；虎要上前扑时，头必向下压低。龙头向后曲度愈大，就能冲得越快；虎头离地面越近，就能跳得越高。"

学僧听后非常佩服禅师的见解，于是说道："师傅真是慧眼独具，我把龙头画得太靠前，虎头也抬得太高，怪不得总觉得动态不足。"

禅师借机开示："为人处世，亦如同参禅的道理。退却一步，才能冲得更远；谦卑反省，才会爬得更高。"

另外一位学僧有些不解，问道："师傅！退步的人怎么可能向前？谦卑的人怎么可能爬得更高？"

禅师严肃地对他说："你们且听我的诗偈：手把青秧插满田，低头便见水中天；身心清净方为道，退步原来是向前。你们听懂了吗？"

学僧们听后，点头，似有所悟。

"向前"与"后退"不是绝对的，假如在欲望的追求中，灵性没有提升，则前进正是后退；反之，若在失败和挫折以后，心性有所觉醒，则后退正是前进。

"退后原来是向前"，或许能称之为人生哲学。人生本来就不是一帆风顺的，人生际遇有时候也会充满戏剧化。所以，我们应该冷静思考，沉着应对。能伸能屈，君子之行也！禅师此刻在弟子们心中插满了青秧，不知弟子们是否看见了秧田的水中天？

星云大师说，世上有的人只知道前面的世界，只晓得向前迈进，却不知后面还有一个更宽广的世界。遇到困难不懂得转身，不懂得回头，经常撞得鼻青脸肿。进是前，退亦是前，何处不是前？在与他人发生冲突时，与其因为正面冲撞而阻断了自己的去路，莫不如忍得一时，谦让一步，与人方便，也与己方便。

人常有一种错误倾向：看高不看低，求远不求近，殊不知"登高必自卑，行远必自迩"的道理。

懂得给自己留条退路，遇事才有转圜的空间，如果处处将自己限定，将永远走不出自设的死胡同。

如烟往事俱忘却，心底无私天地宽

——陶铸

智慧悟语

有人这样问："爱情没有了，回忆起来甜蜜多一点，还是痛苦多一点？"我们常常会遇到这样的问题，很多人觉得失去了当然是痛苦大于幸福，想起分手时刻的那些伤感，想起痛苦地流泪都会让人心中隐隐作痛。而有一个人却说："分手了，我记得最多的还是甜蜜，因为我忘记了那个人和那些痛

苦，留在记忆里最多的还是曾经有一份很美的爱情。"的确，很多时候，我们伤心痛苦，主要还是因为我们无法忘记。我们总是无法忘记那些伤痛和失意，那些记忆犹如明镜一般被我们悬挂起来，每天都在看，每时都在想，这样我们又怎能快乐呢？所以，在失意的时候，人应当学会忘记，忘记那些不快，才能够真正的快乐，才能开始新的生活。

生于尘世，每个人都不可避免地要经历凄风苦雨，面对艰难困苦，想开了就是天堂，想不开就是地狱。而忘记就是一剂良药，弥合你的伤口，使你怀着新的希望上路。

人的一生，就像一趟旅行，沿途有数不尽的坎坷泥泞，但也有看不完的春花秋月。如果我们的一颗心总是被灰暗的风尘所覆盖，干涸了心泉、暗淡了目光、失去了生机、丧失了斗志，我们的人生岂能美好？如果我们能始终保持一种健康向上的心态，即使我们身处逆境、四面楚歌，也一定会有"山重水复疑无路，柳暗花明又一村"的那一天。

点亮人生

很多人在失意的时候学会了抱怨，学会了沉沦。忘不掉别人给予的伤痛，莫过于拿别人的错误来惩罚自己。就如失恋，不是因为你不够优秀，也不是因为你倒霉，而是你在错误的时间遇到了不合适的人，分开很正常，因为你需要腾出时间和位置去给那个适合你的人。如果你的记忆里装满了曾经的伤，又怎能给新的那个人空间呢？一个塞满了旧的回忆的大脑，永远无法让新鲜的东西装进来。

在生活中，有很多的无奈要我们去面对，有很多的道路需要我们去选择，忘记一些原本不应该属于自己的，去把握和珍惜真正属于自己的，去追寻前方更加美好的！忘记一些烦琐，为大脑减负，忘记那些怅惘，为了轻快地歌唱；忘记一段凄美，为了轻柔地梦想。忘记，是一种伤感，但更是一种美丽。

瑞典著名心理学家拉尔森说过这样一句话："心理存在'毒素'的人永远不会感觉到生活的美好，而排除'毒素'的最好方法就是学会遗忘。"

生命中，有些能够遗忘的就遗忘吧，只要能还心灵一份宁静，轻松活着总比带着怨恨活着好。如果你还是看不开、想不开，那就这样安慰自己吧：我们是为关心我们的人而活着的，不是为了伤害我们的人而活着。活着就已经很好了，就让往事都随风而去吧。当然，我们发自内心去直面自己过去生活中所犯的错误，能承认错误需要勇气，更是一种自知之明，承认错误并不是要我们惭愧，而是为了记住那些前车之鉴，以便更好地处理今后的生活。

关心那些值得我们去爱的人吧。不会遗忘，就不会体会到现在的美好，幸福不会因为你的"无法遗忘"而驻足，勇敢地对自己说："一切其实都没有什么大不了的，如果无法放下，可以选择淡忘！"

PART 02
吃亏才能有作为

难得糊涂
——郑板桥

智慧悟语

难得糊涂是一种人生境界。郑板桥书写的"难得糊涂"，是他一生的体验和总结，成为一些人修炼本性的格言。难得糊涂，是人屡经世事沧桑之后的成熟和从容。这种糊涂与不明事理的真糊涂截然相反，它是人生大彻大悟之后的宁静心态的写照。

难得糊涂是一种"悟"。顿悟者寡，渐悟者多。从精明于世到"糊涂"一生是一种选择，意味着要有所放弃。对于绝大多数人来说，放弃（名利、地位、金钱，等等）是一个痛苦的过程。但是只有经过一番"痛苦"的洗涤、磨炼之后，才能够使自己的灵性得到升华。因此，才谓之"难得"二字。难得糊涂的人是真正的智者，曾经沧海阅尽人间兴衰，从苦辣酸甜的百味中，体验到人间争强好胜的无聊，争名逐利的无耻，从而淡泊功名利禄，不去计较个人的成败得失，一切都淡然处之，以静养心。

鲁迅先生曾专门揭示了"难得糊涂"的真正含义，他说："糊涂主义，唯无是非观等等——本来是中国的高尚道德。你说他是解脱、达观吧，也未必。他其实在固执着什么，坚持着什么……"

正如鲁迅先生所说的"在坚持着什么"，其实难得糊涂的人实际上是再清醒不过了。之所以要"糊涂"，是因为将世上的一些事情看得太明白、太清楚、太透彻，因为有某种无以言表的原因，不得不糊涂起来。生活中，在该装糊涂时不妨就糊涂一把。

点亮人生

宁武子是春秋时代卫国有名的大夫，经历卫国两代的变动，由卫文公到卫成公，两个朝代完全不同，宁武子却安然做了两朝元老。国家政治上了正轨，他的智慧、能力发挥得淋漓尽致；当政治、社会一切都非常混乱，情况险恶，他还在朝参政，但在"邦无道"时，却表现得愚蠢鲁钝，好像什么都很无知。但从历史上看他并不笨，对于当时的政权、社会，在无形之中，局外人看不见的情形下，他仍在努力挽救，表面上好像碌碌无能，实际却有所作为。所以，孔子给他下了一个断语："宁武子，邦有道则知，邦无道则愚。其知可及也，其愚不可及也。"意思是说，宁武子这个人，当国家有道时，他就显得聪明；当国家无道时，他就装傻。他的那种聪明别人可以做得到，他的那种装傻别人就做不到了。

结合宁武子的故事和孔子的话，我们可得出"大智若愚"与"难得糊涂"的结论。聪明难得，糊涂更加难得。人活在世上，谁不愿意聪明自信，大展宏图呢？谁不愿意春风得意，成为万人瞩目的对象呢？但有时，一个人太过突出，反而容易成为众矢之的。所以，必要时，一个人需要隐匿锋芒，学会揣着明白装糊涂。

　　我们知道，"愚不可及"是一个贬义词，是说一个人蠢到家了。如果谁不小心被套上了这个词，那么这个人必定是愚蠢至极。中国古代的道家和儒家都主张"大智若愚"，而且要"守愚"。其实在"若愚"的背后，隐含的是真正的大智慧大聪明。聪明难，糊涂更难，装糊涂就是难上加难。

　　"糊涂"常使我们心境平静、无欲无贪，正如"值利害得失之会，不可太分明，太分明则起趋避之私"一样。在瞬息万变的现代社会中，凡事非要寻出个究竟，有时是不现实的，倒不如多一点"糊涂"，少一点执拗。

吃亏是福

——郑板桥

智慧悟语

从人的本性来说，几乎每个人都是"便宜虫"，几乎每个人都希望有时候能占点小便宜。这并不意味着人们没有这些小便宜就没法生活了，恰恰相反，这些小便宜对绝大多数人甚至是可有可无的。

不妨再进一步分析一下：人与人相处，如果一个人从来不吃亏，只知道占便宜，到最后，他很可能成为孤家寡人，因为别人不愿意与这样的人打交道。因为与这样的人打交道，一不小心就吃亏，有谁愿意？除非别人愿意吃这个亏。从另一个角度看，如果我们在许多时候乐意吃亏，别人与我们打交道就会放心，就会愿意与我们打交道，而且只要别人是一个正常的人，在适当的时候，我们肯定会有不同程度的回报！这里有一个先后的问题，让我们自己先吃亏，别人在适当的时候也会主动吃亏的，人与人之间的关系也就会逐步融洽。

"吃亏"不光是一种境界，更是一种睿智。能够吃亏的人，往往是一生平安，幸福坦然。不能吃亏的人，在是非纷争中斤斤计较，他只看局限在："不亏"的狭隘的自我思维中，这种心理会蒙蔽他的双眼，势必要遭受更大的灾难，最终失去的反而更多。

点亮人生

清朝乾隆年间，郑板桥在外地做官。忽然有一天，收到在老家务农的弟弟郑墨的一封来信。弟兄俩经常通信，然而这一次却非同寻常。原来弟弟想让哥哥出面，到当地县令那里说说情。这一下子弄得郑板桥很不自在。这郑墨粗识文墨，原也不是个好惹是生非之徒，只是这次明显受人欺侮，心里的怨恨实在咽不下去。

原来，郑家与邻居的房屋共用一墙。郑家想翻修老屋，邻居出来干预，说那堵墙是他们祖上传下来的，不是郑家的，郑家无权拆掉。其实，契约上写得明明白白，那堵墙是郑家的，邻居借光盖了房子。这官司打到县里，尚无结果，双方都难免求人说情。郑墨自然想到了做官的哥哥，想来有契约在，再加上哥哥出面说情，这官司就必赢无疑了。

郑板桥考虑再三，给弟弟写了一封劝他息事宁人的信，同时寄去四个大字——吃亏是福。同时又给弟弟另附了一首打油诗：

千里告状只为墙，

让他一墙又何妨；

万里长城今犹在，

不见当年秦始皇。

郑墨接到信，羞愧难当，当即撤了诉状，向邻居表示不再相争。那邻居也被郑氏兄弟的一片至诚所感动，表示也不愿继续闹下去。于是两家重归于好，仍然共用一墙。这在当地一直传为佳话。

我们无论处于何时何地，都会遇到各种各样的人，都要与各种各样的人相交相处。在人际关系中，难免会出现磕磕碰碰，难免会发生问题。有人说，只要有人的地方，就会有争斗。若想与他人和平相处，就要拥有一个良好的人际关系网。在原则范围内，偶尔的吃亏，偶尔的退让，既是一种包容的胸怀，也是一个友好的讯号。若太过计较，双方都将陷入泥潭而难以挣脱，就像是那些在篓中互相钳制难以逃生的螃蟹。

为人处世中，留三分余地给别人，就是留三分余地给自己。在足够宽敞的空间里，我们才能翩翩起舞，跳一支高贵优雅的人生探戈。

探戈是一种讲求韵律节拍，双方脚步必须高度协调的舞蹈。探戈好看，但要跳好探戈绝非一件轻而易举的事，很多高手均需苦练数年才能练就炉火纯青的舞技。跳探戈与处世，有着许多异曲同工之处，亲子、朋友、同事和上下级之间，如果能用跳探戈的方式彼此相处，彼此协调，知进知退，通权达变，不但要小心不踩到对方的脚，而且要留意不让对方踩到自己的脚。这样，人与人之间才能和睦相处，恰到好处。

知足得安宁，贪心易招祸
——谚语

智慧悟语

人生在世，当我们为自己着想时，也不忘给予别人，所得的不仅仅是物质上的享受，还能得到心灵的宽慰。

学会知足，无疑会帮助我们在纷繁芜杂的生活中形成一个良好的心态，无论风云怎样变幻莫测，也能泰然处之。知足，知现在所得已经足矣，但对将来所求还是不足的。这样，以一颗平常心去对待现在的处境，而用一颗进取心去开创美好的未来。因为知足，便没有了患得患失，没有了负担，轻装上阵自然如鱼得水。所以，今天已有知足不是放弃努力和追求，相反，是对自己过去努力的肯定，为下一次的付出提供一个美丽的心情！

点亮人生

无论是金钱、物质还是情感上，人们一旦享受过多，所求便会更多。然而，"贪"字却令人不知餍足，最后为了奢求和不择手段，这一个"贪"字竟是凭地折磨人，的确应当戒之。

彭泽少时家贫，苦志励学，明孝宗弘治三年考中进士，历官至刑部郎中，后因得罪有势的宦官，被外放为徽州知府。

彭泽的女儿临出嫁，彭泽便用自己的俸银做了几十个漆盒当作陪嫁，派属吏送回家中，彭泽的父亲见后大怒，立刻把漆盒都烧了，自己背着行李奔波几千里来到徽州。

彭泽听说父亲突然来到，不知家中出了什么大事，忙出衙相迎，却见父亲怒容满面，一句话也不说。

彭泽见状，也不敢造次发问，见父亲满面风尘，又背负行李，便使眼色让手下府吏去接过行李。

彭泽的父亲更是有气，把行李解下，掷到彭泽的脚下，怒声道："我背着它走了几千里地，你就不能背着走几步吗？"

彭泽被骂得哑口无言，抬不起头来，只得背着行李，把父亲请进府衙。

彭泽的父亲进屋后，既不喝茶，也不落座，反而命令彭泽跪在堂下，府中官吏们纷纷上前为知府大人求情，全不济事，彭泽只得跪在父亲面前，却还不知为了何事。

彭泽的父亲责骂彭泽："你本是清贫人家子孙，如今做了几天官，就把祖宗家风全忘了，皇上任命你当知府，你不想着怎样使百姓安居乐业，却学着贪官的样子，把宫中财物往自己家搬，长此下去岂不成了祸害百姓的贪官？"

彭泽此时方知父亲盛怒是为了何事，却不敢辩解，府中衙吏替他辩白说东西乃是大人用自己俸银所买，并非官家钱物。

　　彭泽的父亲却说："开始时用自己的俸银，俸银不足便会动用官银，现在不过是几十个漆盒，以后就会是几十车金银。向来贪官和盗贼一样，都是从小利开始，况且府中官吏也是朝廷中人，并不是你家奴仆，你却派人家几千里地为自己的女儿送嫁妆，这也符合道理吗？"

　　彭泽叩头服罪，满厅官吏也苦苦求情，彭泽的父亲却依然怒气不解，用来时手拄的拐杖又痛打彭泽一顿，然后拾起地上还未解开的行李，径自出府，又步行几千里回老家去了。

　　彭泽受此痛责，不但廉洁自守，不收贿赂，而且不再挂心家里的事，一心扑在府中政务上，当年朝廷审核官员业绩，以徽州府的政绩最高。

　　彭泽受此庭训，可称得上是当头棒喝，他以后为官一生，历任川陕总督、左都御史、提督三边军务、兵部尚书等要职，都是掌握巨额军费，不要说有心贪污，即便按照常例，也会积累一笔十代八代享用不尽的财富。彭泽却为将勇，为官廉，死后破屋几间，妻子儿女的生活都成问题。彭泽之所以能清廉如此，自当归功于他父亲的教育。

　　彭泽清廉一世，值得借鉴，只可惜难有人做到。事实上人人都有欲望，都想过美满幸福的生活，都希望丰衣足食，在所难免，但不能把欲望变成不正当的欲求，变成无止境的贪婪。在自己得到幸福的时候，别忘了给予他人帮助，这便是佛家所说的布施。

　　布施并不是要我们倾尽所有，而是一种依靠舍得来消除奢求的弊病，让自己的心胸敞开，而不要因为小名小利而变得心胸狭窄，惹人生厌。星云大师给世人的启示正是通过"舍"来医治人们内心的贪婪，帮助人们回归真善美的本性。

　　其实，我们可以换一个方法思考自己的"失去"，须知有舍才有得，安知失去就不是福呢？

第七篇

人际交往：
己所不欲，勿施于人

PART 01

欣赏他人即
庄严自己

赞美别人就是把自己放在同他一样的水平上

——歌德

智慧悟语

赞美别人，可以使我们的心灵在欣赏与赞美中得到净化。赞美别人，可以使我们的内心满溢着爱，从而建立健康和谐的人际关系。如果经常赞美别人便会发现我们身边有太多美好的东西，我们的生活充满了阳光，会发自心底对生命对生活充满感激。在这个节奏飞快的现代社会，在这个无暇沟通的生活环境中，学会赞美别人，人与人之间便会多一分理解，少一点戒备；多一分温暖，少一点冷漠；多一分融洽，少一点隔阂。

赞美，必须是发自内心的对他人的认可；必须是源于真诚的对他人的肯定；必须是怀着善意的对他人的鼓励；在赞美他人的同时，其实我们自己也能由衷地分享到快乐和心喜的情趣。

一位西班牙学者说："智者尊重每个人，因为他知道人各有所长，也明白成事不易。学会欣赏每个人会让你受益无穷。"因为欣赏别人是建立在赞同的基础上的，这也是一个学习的过程。

　　欣赏别人，不仅能给人以抚慰、温馨，还能给人以鞭策，使人的潜能被充分地激发出来，去争取更大的成功。懂得欣赏别人，别人也许也在欣赏你，久而久之，别人的优点也成了你的优点，别人的美丽也成了你的美丽，你也会成为一道亮丽的风景。

点亮人生

　　看不到别人优点的人，可以用"一叶障目"来形容。"一叶障目"是讲述的是这样一个故事：

　　从前，楚国有个家里很穷的书呆子，成天琢磨着"天上掉馅饼"的好事。

　　某天，他看到一本书上写着："如果得到螳螂捕捉蝉时用来遮身的那片叶子，就可以把自己的身体隐蔽起来，谁也看不见。"这可把书呆子给乐坏了，他在心里想："如果我能得到那片叶子，我就可以去偷点金银珠宝回来，这样我们家就不穷了。"

　　于是，书呆子每天都在树林里找来找去，寻找那片可以隐身的叶子。终于有一天，他看见一只螳螂隐身在一片树叶下捕捉蝉，于是他兴奋地摘下那片叶子，可一阵风吹来，那片叶子掉在了地上，和地上的其他叶子混在了一起，分辨不出来了。没办法，书呆子只好把地上的落叶都装了起来，带回了家。

　　回家以后，为了找出那片隐形叶，书呆子每拿起一片叶子挡住自己，就问妻子："你能看见我　　　　　　　吗？"妻子不明白他的用义，于是便老老实实地回答：　　　　　　　看得见。"他问得多了，妻子就有点

不耐烦了，心想："你逗我玩呢？那我也逗你玩。"因此，当书呆子再拿起一片叶子时，妻子说："你在哪儿呢？怎么不见了呢？"

书呆子乐坏了，拔腿就往门外跑，嘴里喊着："我终于找到了！"妻子正忙着干活，也没管他。

到了街上的店铺里，书呆子用树叶挡住自己，当着店主的面，随手拿了几件东西就走，被店主抓了起来。书呆子大吃一惊："你怎么能看见我呢？"

书呆子因为犯了偷窃罪，被送到了县衙里受审，县官觉得很奇怪，居然有人敢在光天化日之下偷东西，便问他究竟是怎么回事，书呆子说出了事情的原委，县官不由得哈哈大笑，把他放回了家。

"一叶障目"的故事看似是一个笑话，其实它就是在隐射那些自以为是的人们，只懂得关注自己，而不懂得去关注别人。生活中，很多人常常会不自觉地和那个"一叶障目"的人一样，被眼前的一片薄薄的叶子蒙蔽了自己的眼睛，使得他们无法看到其他东西，而这片叶子的名字，就叫作自我。

美国心理学家威廉·詹姆斯曾说："人性中最深切的心理动机，是被人赏识的渴望。"我们都渴望得到别人的欣赏，同样，每个人也应该学会欣赏别人。其实，欣赏与被欣赏是一种互动的力量之源，欣赏者必具备愉悦之心，仁爱之怀，成人之美的善念；被欣赏者也必发生自尊之心，奋进之力，向上之志。

如果你想要说服他人，应该首先从称赞与欣赏他人开始

——戴尔·卡耐基

智慧悟语

欣赏，是进入心灵的阳光，是融化坚冰的暖流，是沟通人与人关系的桥梁，也是做人的必修课。

学习欣赏，必须打开心灵的窗户；学会欣赏，首先要学会尊重。想要每一天的生活、工作和情感，都在幸福、快乐、愉悦中度过，就必须让欣赏的阳光进入心灵，善待生活、工作和他人……

漫漫人生，我们无法预测生活中的每一个节点；朝夕劳作，我们不能避免工作中的每一处失误；多彩世界，我们难以绕开情感中的每一场波澜……学会欣赏，就不会以小人之心度君子之腹；理解欣赏，就不会以己之言堵他人之口；懂得欣赏，就不会要求"玫瑰花散发出和紫罗兰一样的芳香"。

真诚的欣赏，既能让别人感觉自身价值，也能让自己从中受益。学会欣赏，眼中就会少一点对人生的哀怨；理解欣赏，就会对平凡的工作多一分热爱；懂得欣赏，就能化解不必要的猜疑和纠纷。

点亮人生

学会欣赏，就能从失望中看到希望，既能随遇而安不失本色，又能顺势而为因势利导；理解欣赏，就能从消极中走向积极，既能同心同德起家于白手，又能上下同心创造伟业；懂得欣赏，就能从困境中转入佳境，既能历尽劫波情意在，又能赠人玫瑰手留余香；学会欣赏，认真倾听就会成为一种习惯；理解欣赏，及时赞许就会真正发自心田；懂得欣赏，尊重竞争对手就会有更好的体现；学会欣赏，即使高手如林，您也不会妄自菲薄；理解欣赏，即使先天不足，也会努力向上；懂得欣赏，即使身陷困境，也会充满希望。

每一个成功的人的背后，都有欣赏自己、发现自己的"贵人"。他们的鼓励、支持和欣赏，激发了个人潜能，最终将成就英才。相反，没有人去欣赏、发现，即使是千里马，也可能郁郁而终、没有作为。我们每一个人，都离不开他人的鼓励，同样，我们也应该怀着爱心，去欣赏和鼓励他人。

称赞不但对人的感情，而且对人的理智也起着巨大的作用

——列夫·托尔斯泰

智慧悟语

欣赏是激励和引导，是理解和沟通，是信任和支持，它能让平凡的生活蜕变为美丽和谐的艺术，有了欣赏，一切美好愿望都具备了实现的可能性。善于理智欣赏他人的人，也会得到他人的欣赏和帮助，创造一个宽松和谐、洋溢

着浓浓人情味的温馨世界。

"适时的欣赏是免费的，但它却价值连城。"沃尔玛连锁创始人山姆·沃尔顿如是说。

医学专家研究证明，欣赏不但能使我们的心理层面得到满足，对生理方面也有非常积极的作用。无论是给予还是接受欣赏，都会触动人类大脑中控制快乐幸福的中枢神经，让神经末梢产生类似抗抑郁药才能带来的兴奋感觉——甚至即使我们明知对方的欣赏并非真诚，也会同样如此。

点亮人生

一个驯兽师在训练鲸鱼的跳高，在开始的时候他先把绳子放在水面下，使鲸鱼不得不从绳子上方通过，鲸鱼每次经过绳子上方就会得到奖励，它们会得到鱼吃，会有人拍拍它并和它玩，训练师以此对这只鲸鱼表示鼓励。当鲸鱼从绳子上方通过的次数逐渐多于从下方经过的次数时，训练师就会把绳子提高，只不过提高的速度会很慢，不至于让鲸鱼因为过多的失败而沮丧。训练师慢慢地把绳子提高，一次一次地鼓励，鲸鱼也一步一步地跳得比前一次高。最后鲸鱼跳过了世界纪录。

无疑是鼓励的力量让这只鲸鱼跃过了这一载入吉尼斯世界纪录的高度。对一只鲸鱼如此，对于聪明的人类来说更是这样，鼓励、赞赏和肯定，会使一个人的潜能得到最大限度的发挥。可事实上更多的人却是与训练师相反，起初就定出相当的高度，一旦达不到目标，就大声批评。

观众的掌声对一个赛场上的球队有没有好处？答案是肯定的。每个球队都知道，赛场上天时、地利、人和都是非常重要的。观众鼓励球队的热情是支持球队打赢球最重要的力量之一。每个球队都承认，球迷的打气使他们感觉自己受到了尊重，情绪激动，斗志昂扬。

同样的道理，在日常生活中，鼓励也是很重要的一个因素，而且也是很有用的。在家庭里，夫妻应该彼此鼓励，父母与子女应该彼此鼓励；在工作中，老板和员工更是应该彼此鼓励；在生活中，朋友之间也应彼此鼓励。

PART 02
在出世和入世间自在游走

做人要低姿态，做事要高水平
——谚语

智慧悟语

做人一定要懂得低调才好，因为只有懂得低调做人，才不会引来别人的嫉妒，才能平安无事，才能生活圆融、快乐。

低调做人，是一种品格、一种风度、一种胸襟、一种智慧，是做人的最佳姿态。想成就大事的人必要宽容于人，才能得到别人的赞赏和钦佩，这正是人能立世的根基。根基既固，才有枝繁叶茂，硕果累累；倘若根基浅薄，便难免枝衰叶弱，不禁风雨。低调做人，不仅可以保护自己、融入人群，与人们和谐相处，也可以让人暗蓄力量、悄然潜行，在不显山不露水中成就事业。做人只有低调一点，方可成功。

点亮人生

汉代名将韩信，他在未成名之前，有一次走在淮阴的路上，有个不良少年看他不顺眼说："你看起来挺神气，不过，只是中看不中用。有气魄的话，你就来杀我；不敢，就从我胯下爬过去。"韩信忍一时之气，从别人胯下爬过。他的这种低姿态，肯收敛一时意气的低调，让他以后立了不少战功。而且后来韩信被贬为淮阴侯之后，深知高祖刘邦畏惧他的才能，所以从此常常装病不参加朝见或跟随出行。他的这种低调实在令人值得学习。

当然，我们所说的低调不是自卑自贱，是有傲骨而不显傲气，自信而不自以为是，给自己留有余地。不张扬，成功了会有惊喜，失败了不会招来冷语。低调一点，也可以少一点压力，活得轻松。学会低调做人，就要不喧闹、不做作、不招人嫉，即使你认为自己满腹才华，也要学会藏拙。

而且，在现实生活中，人们往往认同的高调出击并不一定就意味着成功；相反，低调的做法却往往为自己赢得了机会，赢得了成功。

有一位高校的计算机博士，毕业之后，他决定找一份适合自己的工作，但结果却出乎他所料，好多家公司一看他是博士都不愿意贸然录用他。思前想后，他决定收起所有证明，拿专科学历去求职。不久，他被一家公司录用为程序输入员，这对他来说简直是大材小用，但是他仍然干得一丝不苟。不久，老板发现他能看出程序中的错误，非一般的程序输入员可比，这时他亮出了自己的学士证，于是老板给他换了个与大学毕业生对口的专业。过了一段时间，老板发现他时常能提出许多独到的、非常有价值的建议，远比一般的大学生要高明。这时，他又亮出了自己的硕士证，于是老板又提升了他。再过一段时间，老板觉得他还是与别人不一样，就找他谈话，此时他才拿出了自己的博士证，

老板对他的水平有了全面认识，毫不犹豫地重用了他。他终于获得了老板的赏识，他以一种低调的方式一步步接近了目标，取得了成功。

低调做人，是做人的根本。在待人处世中一定要低调，特别是当自己处于不利的位置时，不妨先退让一步，这样做，不但能避其锋芒，脱离困境，而且还可以另辟蹊径，让自己重新占据主动。

其实，低调做人充分展现的也是一种谦逊的态度，一种面对成绩、成功而非常平

人生处世要懂得低调，则酷暑寒冬都美，南北西东都好，高低上下都妙，人我界限都无。低调里蕴藏着深奥的人生哲理与处世妙诀。

夫唯不争，故天下莫能与之争
——老子

智慧悟语

无休止的争辩是一种无聊之举。不争辩不是懦弱无能的表现，相反正是一种睿智的态度。天下最接近"道"、最有智慧的人，便是不争的人。因为不争，内心才无比沉静。这样的人交友真诚，言语诚实可信，做事的时候必能尽其全力，因为他们不争，所以，才没有过失。

不争的人，不自我表扬，反而能显现其优势；不自以为是，反而能彰显其实力；不自我夸耀，反而能够见功；不自我矜持，反而能够长久。这都是不争显现出来的结果。林语堂先生也说，正因为不争，天下才没人能与他争，他的不争就是他的强大和力量之源，世上便无人能与他相比。

点亮人生

在风景如画的美国加利福尼亚，年轻的海洋生物学家布兰姆做了一个十分重要的观察实验。一天，他潜入深水后，看到了一个奇异的场面：一条银灰色大鱼离开鱼群，向一条金黄色的小鱼快速游去。布兰姆以为，这条小鱼在劫难逃了。然而，大鱼并未恶狠狠地向小鱼扑去，而是停在小鱼面前，平静地张开了鱼鳍，一动也不动。那小鱼见了，便毫不犹豫地迎上前去，紧贴着大鱼的身体，用尖嘴东啄啄西啄啄，好像在吮吸什么似的。最后，它竟将半截身子钻

入大鱼的鳃盖中。几分钟以后，它们分手了，小鱼潜入海草丛中，那大鱼轻松地去追赶自己的同伴了。

此后数月布兰姆进行了一系列的跟踪观察研究，他多次见到这种情景。看来，现象并非偶然。经过一番仔细观察，布兰姆认为，小鱼是"水晶宫"里的"大夫"，它是在为大鱼治病。鱼"大夫"身长只有三四厘米，这种小鱼色彩艳丽，游动时就像条飘动的彩带，因而当地人称它"彩女鱼"。

鱼"大夫"喜欢在珊瑚礁或海草丛生的地方游来游去，那是它们开设的"流动医院"。栖息在珊瑚礁中的各种鱼，一见到彩女鱼就会游过去，把它团团围住。有一次，几百条鱼围住一条彩女鱼。这条彩女鱼时而拱向这一条鱼时而拱向另一条鱼，用尖嘴在它们身上啄食着什么。而这些大鱼怡然自得地摆出各种姿势，有的头朝上，有的头向下，也有的侧身横躺，甚至腹部朝天。这多像个大病房啊！

布兰姆把这条彩女鱼捉住，剖开它的胃，发现里面装满了各种寄生虫、小鱼以及腐蚀的鱼虫。为大鱼清除伤口的坏死组织，啄掉鱼鳞、鱼鳍和鱼鳃

上的寄生虫，这些脏东西又成了鱼"大夫"的美味佳肴。这种合作对双方都很有好处，生物学上将这种现象称为"共生"。在大海中，类似彩女鱼那样的鱼"大夫"共有45种，它们都有尖而长的嘴巴和鲜艳的色彩。

这些鱼"大夫"的工作效率十分惊人。有人在巴哈马群岛附近发现，那儿的一个鱼"大夫"，在6小时里竟接待了300多条病鱼。前来"求医"的大多是雄鱼，这是因为雄鱼好斗，受伤的机会较多；同时雄鱼比雌鱼爱清洁，除去脏东西后，它们便容光焕发，容易得到雌鱼的垂青。有趣的是，小小的彩女鱼在与凶猛的大鱼打交道时，不但没受到欺侮，还会得到保护。布兰姆对几百条凶猛的鱼进行了观察，在它们的胃里都没有发现彩女鱼。然而，他却多次看到，这些小鱼进入大鲈鱼张开的口中，去啄食里面的寄生虫，一旦敌害来临，大鲈鱼自身难保时，它便先吐出彩女鱼，不让自己的朋友遭殃，然后逃之夭夭，或前去对付敌人。

在这个例子中，我们看到了生物之间彼此依靠、共栖共生的生存法则。特别是彩女鱼与其他鱼类之间那种温情脉脉的共存关系，不由得让人感到一丝温馨。与之相比，人类的很多行径却显得非常丑恶，为了一时的名利争得你死我活。合作是维持秩序、克服混乱的重要法则，一旦要各自居功、互不相让，这个法则必然遭到破坏，世间的秩序将无从谈起。林语堂先生在《八十自叙》中曾说，自己始终喜欢革命，却不喜欢革命家，他极讨厌政客，绝不加入任何团体与人争吵；从这两句话不难看出，先生极力想远离那些被利益纷争缠绕的环境和身份，他想做个清净的人。只要远离这些，便可达重拾清净，或许正因为如此，林语堂先生才会从厦门大学文科主任的职位上请辞，不做他人争权夺利的牺牲品。活得随意，远离烦恼。

老子说："只有无争，才能无忧。"利人就会得人，利物就会得物，利天下就能得天下。所以善利万民的人，如同水滋润万物而与万物无争，不求所得。所以不争之争，才是上等的策略。事事斤斤计较、患得患失，凡事都强出头，只会让自己活得更累。当你同别人争名夺利时，你也成了别人的眼中钉、肉中刺。

不争，才能争来生活的智慧和快乐。铭记此话，生活就会更加惬意美好。

孤独有时是最好的交际，短暂的索居能使交际更甜蜜

——弥尔顿

智慧悟语

孤独是一种人生感受，而独处是一种人生境界。如果过于活跃而不知独处，那么生活往往会演变成一种灾难。

独处是一种调剂。长期处于人与人之间复杂的公关、交往沟通、协调、磨合、疏导，独处是一种有益的调剂。它可以使自己紧张的神经松弛下来，可以让自己暂时进入一种安静清新的生存空间。就像交响乐经过热烈激昂的高潮后一下转入悠扬抒情的曲调一样，顿时让人产生凉爽，甜美的感觉。时时接受孤独洗礼的人，在人群中往往显得更加游刃有余。因为最难与之相处的，恰恰是自己。而独处、索居就是学会同自己相处的过程。把这个功夫做好了，自然在处理人际关系方面更加得心应手。

点亮人生

擅长交际固然是一种能力，而乐于独处同样是一种能力。后者比前者似乎更能考验一个人的修养层次。交际只要花时间去投其所好，便能很容易交到一般意义上的朋友，而独处，若没有超人的定力与开阔的胸襟，则根本就做不到。

恰恰是那些喜欢交际的人，一旦失去了喧哗与热闹，才会感到孤单，无所适从；喜欢独处的人，反而不会被孤单所困扰，他们尽情地享受沉思默想的美好体验，甚至会忘记时间的流逝。

独处，从心理学的角度讲，是进行内在经验的整合，它会使人变得睿智而从容；而交际，是人对信息的吸收与释放，期间固然也有思考，但那思考是肤浅而仓促的。这时候，就需要通过独处来梳理交际时获得的凌乱而纷杂的信息，取其精华，去其糟粕，使之真正为我所用，成为我的有机组成部分。

只喜欢交际，或者说花大量时间交际，而不耐独处，头脑中堆放的大量杂乱的信息，而得不到反刍与消解，人会变得轻浮，迷茫。只喜欢独处，而不喜欢与人交际，老死不与人往来，人会变得呆板，僵化，缺乏活力与激情。读

书，看电视，都是单方面的交流，没有思想的碰撞，算不得交往。

　　少了功利性的交往，必然澄澈而轻松，人人向往。网上聊天为什么那么有魅力，因为那就是一种全无禁忌的交往，双方可以随心所欲地交流，可以达到一种任逍遥的美妙境界。

PART 03
若想人信己，
先要己信人

口是心非的人总以为别人也是口是心非的

——巴尔扎克

智慧悟语

诚信是相互的，你若能以诚待人，那么对方也会真诚地对你。不要因为别人因耍小伎俩得逞便怀疑诚信的意义，觉得社会中只有油头滑脑的人才吃得开。这些都是一时的风光，早晚是要栽大跟头的。小信成则大信也，平日里每一件事、每一句话都信守承诺，言行一致，时间长久，别人眼中的你就是一个值得相信的人。有了诚实忠信的性格，会给你的人生带来极大的价值。君子坦荡荡，小人长戚戚。心胸诚恳，活着便潇洒许多，自在许多。

信，乃人性的底线、品格的基石，失去了信义，一切将不复存在。生活中油嘴滑舌之徒，不仅对别人信口开河，对他人的言行举止也时刻存有疑心。欺骗他人的同时又不信任他人，试想和这样的人打交道是多么恐怖的事情。

子曰："人而无信，不知其可也。大车无輗，小车无軏，其何以行之哉？"孔子说为人、处世、对朋友，"信"是很重要的，无"信"绝对不可以。所以孔子说："人而无信，不知其可也。"

点亮人生

"大车无輗，小车无軏。"輗和軏都是车子上的关键所在。做人也好，处世也好，为政也好，言而有信，是关键所在，有如大车的横杆，小车的挂钩，如果没有了它们，车子是绝对走不动的。一个人失去信义，便无所依托，长此以往，别人对其只会敬而远之。信口开河、言而无信，只会让自己失去做人的从容与真挚，同时失去别人的真诚以待。

信，人之言为信，言而无信则非人。无论做什么，经商也好，做学问也好，当官也好，言而有信都是第一位的。

信，人之言为信，言而无信则非人。诚信，就好像是人生的保护色。生活中，我们需要真诚面对生活的态度。在开始追求自己的事业时，如果能下定决心，将自己的诚信心态当作事业的资本，做任何事都要求自己不违背诚信心态的话，那他在日后，即使不一定功成名就，也肯定不至于一败涂地。反之，一个在事业征途中失掉诚信心态的人，则永远不能成就真正伟大的事业。

刘宇大学毕业后，在父亲开的清洁公司干活。父亲用一桶清洗液和一把钢丝刷，头顶烈日为儿子上了重要的一课：每一件工作都好比是你的签名，你的工作质量实际上等于你的名字，只要脚踏实地，以一颗虔诚的心对待你的工作，迟早会出人头地。他按照父亲的教导，用钢刷蘸着清洗液把砖头洗得干干净净。

后来，刘宇在西南食品超市由包装工升为存货管理员，整天干着装装卸卸、摆摆放放这些细小麻烦的工作，但刘宇始终一丝不苟、乐此不疲。有朋友屡次劝他："别把青春耗费在这种没出息的事情上！"他却不以为然，仍是坚守着自己的工作信条：工作无大小，干好当下每件事。朋友认为他是个大傻瓜，一辈子也干不出什么名堂来。他却为自己能干好这件谁都不愿干的工作而自豪不已。他相信父亲的话："只要自己不断努力，只要以一颗虔诚的心认真地做好每件事，上帝一定会眷顾你的。"

果不其然，数年后刘宇脱颖而出，成为拥有8家商店、一年总营业收入达几千万的大老板。而当初劝他的朋友们大都默默无闻。

一个人只要心诚，就可能战胜任何艰难险阻，甚至可以创造奇迹。因此，无论外界如何喧嚣，我们都要固守一颗虔诚的心。虔诚的心是对正念的把握，是对信念的秉持。纤尘不染，杂念俱无，集念于一处，力量就是最大的。

有了"诚心"，会少许多抱怨；有了"诚心"，会少许多冷漠，有了"诚心"，会多几分热情，有了"诚心"，会多一分理解：有了"诚心"，会让人们的关系变得友好，变得温馨。

心诚不诚，也许骗得了别人，但终归骗不了自己。当然，结果的好与坏也存在着许多不确定因素，但总有一些因素是由心而定的。相信：忠诚地对待自己的理想、真诚地对待自己的学业和事业、坦诚地对待自己的亲人和朋友……好的结果就会出现，忠诚度、真诚度、坦诚度越高，好的结果就会越早出现。

被人揭下面具是一种失败，自己揭下面具是一种胜利

——雨果

智慧悟语

在复杂的大千世界中，人们或许是经历过无情的伤害，或许是不想让他人见到自己的丑处、弱点，于是许多人都戴上一副面具招摇过市，以为这样就可以万事大吉。时间久了，这面具就很难摘下，反而成为心灵的负担。其实，根本不需要什么面具来遮掩。而且，面具再牢固，总有被人看破的一天。与其被别人揭开真面目那样窘迫，不如自己大胆地除去面具，以本来的面目示人对己，又何尝不是一种人生的快意。

　　一个过于正直的人常常因为过于耿直而失去友谊，有时因为得罪他人而使自己失去权力或利益，所以很多人宁愿不要正直这种品德。所谓的聪明人总是巧言令色，欺骗那些相信他的人，而真正的诚实无欺者总是把欺骗看成一种背信弃义，情愿做光明磊落的刚正不阿者，而不愿做所谓的聪明人，所以他们总是和真理站在一起。如果他们和别人有意见分歧，这不是因为他们变化无常，而是因为别人抛弃了真理。

　　诚实无欺者看似单纯，常会被自作聪明者嘲笑，但一个言行诚实的人，有正义公理作为后盾，所以能够毫不畏缩地面对世界。一个行为上充满欺骗的人，在真理面前会无所遁形，因为他常常连自己的那一关都过不了。

点亮人生

　　美国前总统林肯，在年轻时就是诚信哲学的忠实拥护者。林肯当小职员时，诚实而勤快。一天，一位妇女来商店买了一些小物品，结算的结果是应付2美元6.25美分。

　　付完款后，那位妇女高高兴兴地走了。但是林肯对自己的计算结果感到没有把握，于是又算了一遍，结果让他大吃一惊，他发现各种款额加起来后应该是2美元。

　　"我让她多付了6.25美分。"林肯不安地想。

　　钱不多，许多店员不会把它当回事，但是林肯决定负起责任。

　　"必须把多收的钱还回去。"他决定。

　　如果那位女顾客就住在附近，把钱还给她轻而易举，但她却住在两三英里之外的地方，这并没有动摇林肯的决心。天已经黑了，他锁好店门，步行来到那位女顾客的住处。到达后，他把事情讲述了一遍，将多收的钱如数奉还，然后心满意足地回了家。

　　真诚而无欺的人，首先做到的是从不自欺，然后才是不欺人。他的所作所为，不仅使自身获得轻松快乐，也值得他人信赖。正是这样的为人方式，使林肯赢得他人的信任和崇敬。

　　高尚的人并不因别人是何等人而忘记自己应当作怎样的人。在他们看来，不欺骗、不做作，才会让自己得到信任。要相信，面对一个绝不为个人利益放弃诚实的人，人人都会真诚接纳他，愿意和他交往，并真心地在他困难或创业时期，助他一臂之力。

第八篇

修养：做一个有灵魂的人

PART 01
修养是灵魂的洗礼

习惯能成就一个人，也能摧毁一个人

——拿破仑·希尔

智慧悟语

拿破仑·希尔作为现代成功学大师和励志书籍作家，曾经影响了美国两任总统及千百万读者。他所创立的成功学和他的成功原则，都和他的热情一样，惠及世界的各个角落。而他对于成功的见解，也让我们对成功的定义有了更深刻的认识。

成功者之所以成功，不是因为他们有着多么高的天赋和过人的才华，而是因为他们有着良好的习惯，并善于用良好的习惯来提高自己的工作效率，进而提高自己的生活品质。他们发现，好习惯能改变命运，使自己过上充实的生活；好习惯能使身心健康，邻里和睦，家庭幸福美满。

或许你习惯了懒懒散散、心灰意冷的日子，或许你对抽烟、酗酒、拖延、懒惰等坏习惯熟视无睹，那么你就不要再慨叹生活对你的不公，你就不要说梦想很难实现，更不要说你的经历很倒霉。归根结底，这一切都是你的坏习惯在作祟。如果你永远抱着这种坏习惯不放，却还在想着成功，那真是难于上青天。

点亮人生

一个好习惯能够让人受益终身，但是一个坏习惯有时候却会给我们带来不好的影响，甚至造成无法挽回的后果。

一家大型图书馆被烧之后，只有一本书被保存了下来，但并不是一本很有价值的书。一个识得几个字的人用几个铜板买下了这本书。这本书并不怎么有趣，但里面有一个非常有趣的东西，那是窄窄的一条羊皮纸，上面写着"点金石"的秘密。

点金石是一块小小的石子，它能将任何一种普通金属变成纯金。羊皮纸上的文字解释说，点金石就在黑海的海滩上，和成千上万与它看起来一模一样的小石子混在一起，但秘密就在这儿。真正的点金石摸上去很温暖，而普通的石子摸上去是冰凉的。后来，这个人变卖了他为数不多的财产，买了一些简单的装备，在海边扎起帐篷，开始检验那些石子。这就是他的计划。

他知道若捡起一块普通的石子并且因为它摸上去冰凉就将其扔在地上，

他有可能几百次捡拾起同一种石子。所以，当他摸着石子冰凉的时候，就将它扔进大海里。他这样干了一整天，却没有捡到一块是点金石的石子。然后他又这样干了一个星期、一个月、一年、三年……他还是没有找到点金石。他继续这样干下去，捡起一块石子，是凉的，将它扔进海里，又去捡起另一块，还是凉的，再把它扔进海里，又一块……

但是，有一天上午他捡起了一块石子，这块石子是温暖的……但他把它随手就扔进了海里。他已经形成了一种习惯——把他捡到的石子扔进海里。他已经如此习惯于做扔石子的动作，以至于当他真正想要的那一个石头到来时，他也将其扔进了海里。

面对人生，你可以开放你的内心，当机立断，运用自己内在的能力，挣脱消极习惯的捆绑，改变自己所处的环境，投入另一个崭新的积极领域中，使自己体会到全新的生命活力。

回首向来萧瑟处，归去，也无风雨也无晴

——苏轼

智慧悟语

苏轼一生经历坎坷，但面对逆境，却一直怀着达观豁然的心态。在他的诗词里，这种从容的人生豪情随处可见。苏轼写的《定风波》体现了他对待人生风雨的淡定豁达。做人就要学会宠辱不惊，得意之时不忘形，失败则继续努力，无论怎样的上升和降落，都应泰然处之，从容淡定地面对人生。

有一则有趣的笑话：下雨了，大家都匆匆忙忙往前跑，唯有一人不急不慢，在雨中踱步，旁边跑过的人十分不解："你怎么不快跑？"此人缓缓答道："急什么，前面不也在下雨吗？"

从某种角度看，当人们在面临风雨匆忙奔跑之时，那个淡然安定欣赏雨景的人，其实深谙从容的生活智慧。在现代都市竞争的人性丛林，从容淡定是一种难以达到的大境界，别人都在杞人忧天，慌不择路，只有他镇定从容。

其实，沮丧的面容、苦闷的表情、恐惧的思想和焦虑的态度是你缺乏自制力的表现，是你不能控制环境的表现。它们是你的敌人，你要把它们抛到九霄云外。面对得意和失意，都能从容面对，这样才算达到了一种较高境界。

点亮人生

宋代苏东坡在江北瓜州任职，和江南金山寺只一江之隔，他和金山寺的住持佛印禅师经常谈禅论道。一日，苏轼自觉修持有得，撰诗一首，派遣书童过江，送给佛印禅师印证，诗云："稽首天中天，毫光照大千；八风吹不动，端坐紫金莲。"八风是指人生所遇到的"嗔、讥、毁、誉、利、衰、苦、乐"八种境界，因其能侵扰人心情绪，故称之为风。

佛印禅师从书童手中接过，看了之后，拿笔批了两个字，就叫书童带回去。苏东坡以为禅师一定会赞赏自己修行参禅的境界，急忙打开禅师之批示，一看，只见上面写着"放屁"两个字，不禁无名火起，于是乘船过江找禅师理论。船快到金山寺时，佛印禅师早站在江边等待苏东坡，苏东坡一见禅师就气呼呼地说："禅师！我们是至交道友，我的诗、我的修行，你不赞赏也就罢了，怎可骂人呢？"禅师若无其事地说："骂你什么呀？"苏东坡把诗上批的"放屁"两字拿给禅师看。禅师呵呵大笑："言说八风吹不动，为何一屁打过江？"苏东坡闻言惭愧不已，自认修为不够。

正如《菜根谭》里说："宠辱不惊，闲看庭前花开花落；去留无意，漫随天外云卷云舒。"为人能视宠辱如花开花落般的平常，才能"不惊"；视职位去留如云卷云舒般变幻，才能"无意"。"闲看庭前"大有"躲进小楼成一统，管他冬夏与春秋"之意；"漫随天外"则显示了目光高远，不似小人一般浅见的博大情怀；一句"云卷云舒"又隐含了"大丈夫能屈能伸"的崇高境界。对事对物，对功名利禄，失之不忧，得之不喜，正是"淡泊以明志，宁静以致远"。

不管过去的一切多么痛苦，多么顽固，把它们抛到九霄云外。不要让担忧、恐惧、焦虑和遗憾消耗你的精力。要主宰自己，做自己的主人，从从容容才是真。

PART 02
做情绪的主人

我只有一个忠告——做你自己的主人

——拿破仑

智慧悟语

悲观的人总是受累于情绪，似乎烦恼、压抑、失落甚至痛苦总是接二连三地袭来，于是频频抱怨生活对自己不公平，企盼某一天欢乐从此降临。但喜怒哀乐是人之常情，想让自己在生活中不出现一点烦心之事几乎是不可能的，关键是如何有效地调整、控制自己的情绪，做生活的主人，做情绪的主人。

很多乐观的人都善于控制自己的情绪，让自己活在快乐之中。人生在世，总会遇到很多悲伤与痛苦，如果不能掌控自己的情绪，就会成为情绪的奴隶，又何来乐观心态？斯摩尔曾经说过："做情绪的主人，驾驭和把握自己的方向，使你的生命按照自己的意图提供报酬。记住，你的心态是你——而且只是你——唯一能够完全掌握的东西，学着控制你的情绪，并且利用积极心态来调节情绪，超越自己，走向成功。"

人的一生不可能总是一帆风顺，在遇到挫折和失败时，学会做自己的主人可以让我们战胜一切挫折和失败。

点亮人生

弗兰克是一位犹太裔心理学家，第二次世界大战期间，他被关押在纳粹集中营里，受尽了折磨。父母、妻子和兄弟都死于纳粹之手，唯一的亲人是他的一个妹妹。当时，他常常遭受严刑拷打，死亡之门随时都有可能向他打开。

有一天，他在赤身独处囚室时，忽然悟出了一个道理：就客观环境而言，我受制于人，没有任何自由；可是，我的自我意识是独立的，我可以自由地决定外界刺激对自己的影响程度。

弗兰克发现，在外界刺激和自己的反应之间，他完全有选择如何做出反应的自由与能力。

于是，他靠着各种各样的记忆、想象与期盼不断地充实自己的生活和心灵。他学会了心理调控，不断磨炼自己的意志。他的自由的心灵早已超越了纳粹的禁锢。这种精神状态感召了其他的囚犯。他协助狱友在苦难中找到了生命的意义，找回了自己的尊严。

在弗兰克生命中最痛苦、最危难的时刻，在弗兰克精神行将崩溃的临界点，他靠自己的顿悟、靠成功的心理调控磨炼了意志。从而不仅挽救了他自己，而且挽救了许多与他患难与共的生命。

由于苦难、逆境，甚至是生理缺陷，产生和造就出了一些伟大的人物，因此在很多人的心目中便形成了一种对苦难和逆境的崇拜，而这种崇

拜往往是盲目和消极的。不论逆境还是顺境，都要有一种积极健康的人生态度，即使步入顺境也要努力为自己设置新的目标，在追求这一目标中迎接新的困难和挑战，从而发展和完善自己的人格，而不可以倒退或停留，在困苦中应该保持积极的心态。

一个有抱负的人，必定想在社会中实现自己的理想，让自身价值得到社会承认。但是我们每跨出一步，必然会遇到一些意料不到的阻力。不同的环境对人们的作用是不同的，顺境与逆境、苦难与舒适使当事者付出的代价也是不同的。

获得平静的不二法门便有三道大关，依次是自制、自治与自清

——丹尼尔·戈尔曼

智慧悟语

自我节制，自我约束，是一种控制能力，它让我们减少了许多莽撞的行事和不必要的遗憾。伟大的诗人歌德也曾经告诫人们：不论做任何事情，自律都至关重要。

自律在我们生活中的重要性无异于爱于我们生活中的重要性，因为自律在一定程度上便正是爱自己和爱别人的体现。我们常常以为小孩子是最不会自律的，然而并非如此，他们之所以不自律是因为本身并不以为这件事情于它们来说是重要而富有意义的。

当他们渴望一件事情的时候，譬如游戏中，他们便非常完美地诠释了自律的存在，因为他们自己是一点也不会违背游戏规则，反而努力地让周围的玩伴也遵守游戏规则。他们高兴，心中便有一种满足感，这是一种运动着的宁静，让人喜欢。

要想获得平静，没有自律是行不通的，世界上没有十全十美的人，每个人都会有缺点、错误。一个自律的人应该经常检查自己，对自己的言行进行自省，纠正错误，改正缺点，让生活变得更为妥帖。

　　我们常常觉得，自由自在才是好的，若某天受到自己或别人的性情支配，则自然而然会感到自己受到了束缚，不自觉地便会产生厌烦感；而正是这种厌烦让我们失去了平静，也失去了品味人生的大好时光。所以，若能克服自己的琐碎好恶、愤怒暴躁、怀疑妒忌，以及种种善变的情绪，那么我们便能将幸福收入囊中，充满香味。

点亮人生

　　谈到自律我们无一例外地会首先想到伟人，譬如，鲁迅等，这让人感慨，因为正是他们拥有了这样或那样我们常人所没有的，或是所坚持不下来的，我们才没有达到伟人那样的高度。所以，勤于读书的时候不妨多读些传记吧，看看伟人们的辛酸而又坚强的经历，我们很难不因此受到巨大的鼓舞。

　　鲁迅是我国现代著名的文学家、思想家和革命家。他自幼聪颖勤奋，12岁时便到三味书屋跟随寿镜吾老师学习，在那里攻读诗书近五年。

　　鲁迅17岁时从三味书屋毕业，18岁那年考入免费的江南水师学堂；后来又公费到日本留学，学习西医。1906年鲁迅放弃了医学，开始从事文学创作，先后在北京大学、北京师范大学等学校任教，成为中国新文学运动的倡导者。

　　鲁迅的伟大并不仅在于这里，还在于他的忍耐力以及很多优秀的品质。当我们阅读了他的人生经历之后，我们便会全身充满力量。让我们把这种力量发挥出来吧，而不是任其在尘世中慢慢消散！

PART 03
学习是一种信仰

学而不思则罔，思而不学则殆

——孔子

智慧悟语

孔子意在告诫人们，学习和思考有着辩证的关系，一味地读书而不思考，就会茫然不解，只能被书本牵着鼻子走；只是空想而不进行一定书本知识的积累，就会疲怠而无所获。因此，学习要做到学思相结合。

理学大师朱熹的《观书有感》中有一首诗："半亩方塘一鉴开，天光云影共徘徊。问渠哪得清如许，为有源头活水来。"在这首诗中，诗人借池塘来比喻读书，读书好比池塘，不是死水一潭，而是灵动不断有新鲜生命注入的过程。这个道理与孔子的话在内涵上是一致的，都强调了读书思考的重要性。

读书知"出"知"入"，这才是严肃的

求学态度和科学的求学方法。读书要力求深入，融会贯通，吃透精神实质；而且，读了以后还要能够跳出书本，学会运用，不能"死读书"，做书本的奴隶。

点亮人生

朱熹讲读书要做到"三到"：心到、眼到、口到。三到中最重要的是心要到，用心灵的眼睛来读书。我们应该意识到，是人在读书，而不是书在读人。因此，人动书自动，人活书自活，不要让书把人的脑筋套成死脑筋。

南宋学者陈善曾经说过："读书须知出入法。始当求所以入，终当求所以出。见得亲切，此是入书法；用得透脱，此是出书法。盖不能入得书，则不知古人用心处；不能出得书，则又死在言下。唯知出知入，乃尽读书之法也。"此言深中肯綮，道出了读书之法的精髓。开始读书时要求得怎样才能进去，最后要求得怎样才能出来。同样，读书要在不疑处生疑，大家都觉得习以为常的东西，你能打上问号，就是一种难能可贵的能力。善于提出问题进行创新，就能在书山学海中出入自如。

人在学问途上要知不足……学力越高，越能知不足。知不足就要读书

——冯友兰

智慧悟语

在漫漫人生长途中，一个人该用什么样的态度来学习呢？那就是必须每时每刻都保持一种谦虚谨慎的态度，只有虚怀若谷，一个人的内心才能不断吸纳知识，才能不断进步。

冯友兰先生便是一个始终秉持着谦虚的精神面对学术的人。面对广博的中国哲学与世界哲学，他从未为自己所了解的东西而满足，反而是一种永不知足的心，让他不断地走向更为广阔的哲学世界。于是，他成了了解中国哲学不可跨越的人物，他成为世界范围内不容忽视的哲学家。正如他自己所说：

"人在名利途上要知足，在学问途上要知不足。在学问途上，聪明有余的人，认为一切得来容易，易于满足于现状。靠学力的人则能知不足，不停留于现状。学力越高，越能知不足。知不足就要读书。"这便是他学术成功的动力。

点亮人生

一个博士被分到一家研究所，在那里，他学历最高。

有一天，他到单位后面的小池塘钓鱼，正好正副所长在他两旁，也在钓鱼。他只是微微点了点头，这两个本科生，有啥好聊的呢？

不一会儿，正所长放下渔竿，伸伸懒腰，"噌、噌、噌"从水面上如飞地走到对面上厕所。博士眼珠瞪得都快掉下来了。水上漂？不会吧？这可是一个池塘啊。

正所长上完厕所回来的时候，同样也是"噌、噌、噌"从水上漂回来了。怎么回事？博士生又不好去问，自己是博士生啊！

过了一会儿，副所长也站起来，"噌、噌、噌"飘过水面上厕所去了。这下子博士更是差点昏倒：不会吧？到了一个江湖高手云集的地方？

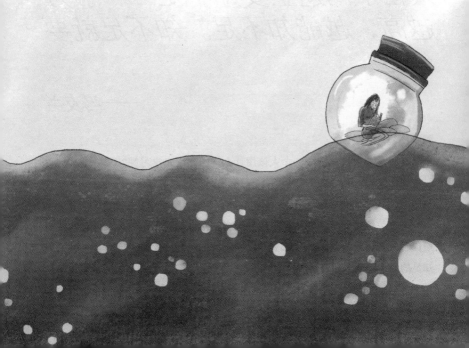

博士生也内急了。这个池塘两边有围墙，要到对面上厕所非得绕10分钟的路，而回单位又太远，怎么办？

博士生也不愿意去问两位所长，憋了半天后，起身往水里跨：我就不信本科生能过的水面，我博士生不能过。只听"咚"的一声，博士生栽到了水里。

两位所长将他拉了出来，问他为什么要下水，他问："为什么你们可以走过去呢？"

俩所长相视一笑："这池塘里有两排木桩子，由于这两天下雨涨水正好在水面下。我们都知道这木桩的位置，所以可以踩着桩子过去。你怎么不问一声呢？"

博士把学历看得高过一切，他甚至以为学历高的自己是无所不能的，所以才在两位学历比自己低的人面前闹了笑话。其实，他哪里知道，学历并不代表一切，只有学习的能力才是最重要的，而这种能力中至关重要的一个因素就是谦虚。南宋著名诗人杨万里，就是一个非常谦虚的人。

江西有个名士，常常说自己学识渊博，天下无人能及。后来，听说杨万里很有名，很不服气，便写了一封信，说要亲自到杨万里的家乡——吉水来拜见他。杨万里早就听说此人骄傲得不得了，就给他回了一封信，说："我很欢迎您的到来，冒昧地向您提个请求，听说你们家乡的配盐幽菽非常有名，很想亲口尝尝，请您来时顺便捎带一点。"

名士拆信一看，一下子愣住了，什么是配盐幽菽呀？从未听说过。他想了

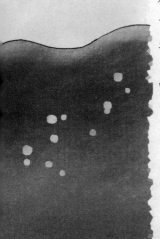

很久，也想不出个结果，他又不好意思去问人，只好在街上乱找，但仍然一无所获。后来，他只好空着手来到吉水。见到杨万里后，他寒暄了两句就说："您说的配盐幽菽我找了很久也没有找到。实在抱歉！"

杨万里听了哈哈大笑："你们那里家家户户都有啊！"说着，他随手从书架上取下一本《韵略》，翻开其中的一页。名士一看，上面清楚地写着"豉，配盐幽菽也"一行字。他这才明白，原来配盐幽菽，就是家庭日常食用的豆豉啊！名士看了非常惭愧，他这才明白自己平日读书太少了。从此以后，他再也不骄傲自大、目中无人了。

一点童心犹未灭，半丝白鬓尚且无

——林语堂

智慧悟语

　　林语堂先生在40岁生日的时候写下"一点童心犹未灭，半丝白鬓尚且无"的诗句。他把自己比喻成一个烂漫孩童，天真地看着这个奇异多姿的世界。他觉得自己还有许多东西需要去学，去掌握，鼓励自己探索更多的未知，他甚至会因为别人具备自己没有的才能而苦恼。其实，那时的林语堂先生已经

具有相当的地位和名望，他大可因为自己的名望而出书、讲学，但林语堂先生没有这样做。一颗求知的心支撑他一直前行。智者在学习到更多的知识后会更加觉察到自己的"无知"，这种"无知"即是一种大智慧，林语堂先生就是如此。生活中的我们也应学习这种不断学习的精神和行为，要活到老学到老。只有这样，才更加具备生存的资本。

点亮人生

对"终身学习"的认识，多数人能够认同，但也有一些人信奉"人过三十不学艺"的老观念，感到自己年龄大了，学也学不会，学不学无所谓。其实，学习是一辈子的事，不管年龄多大，只要开始学习，就不为晚，学习者永远年轻。

师旷是春秋时期晋国的乐师。他虽然是个双目失明的人，却依旧热爱学习，在音乐方面的造诣很深。有一天，晋平公问师旷："我70岁了，很想学习，恐怕已经太晚了吧？"师旷反问道："既然晚了，为什么不点起蜡烛呢？"晋平公听后，认为他答非所问，很气愤。师旷解释说："我这个瞎了眼的臣子哪里敢跟君王开玩笑？我听人说过：'少年时代热爱学习，好像旭日东升，光芒万丈；壮年时代热爱学习，好像烈日当空，光焰夺目；到了老年，才下决心学习，那就好像晚上点起蜡烛'。"晋平公听了，点头称赞道："你说得真好！"

成功无止境，学习无绝期。成功的人生，应当像河流，在汩汩流淌的过程中，不断汲取它的营养，丰富自己，充实自己。师旷鼓励70岁仍想学习音乐的晋平公，现在开始依然为时不晚。林语堂先生在事业已取得很大成绩的时候仍不断学习，我们这些还在为梦想奋斗的人们，是不是更应像他那样孜孜不倦地追求呢？

PART 04
忍耐是一种涵养

忍耐虽然痛苦，果实却最香甜
——萨迪

智慧悟语

　　"忍"字心头一把刀，说明忍不是一件容易做到的事。凡是善忍的人，最终都会取得非凡的成就。忍不是退缩，不是迟疑，而是深思熟虑后的一种沉潜，韬光养晦，蓄精养锐，为了更好地前进和采取行动。

　　做事最忌半途而废，成功与失败往往只是一步之差，如果多坚持一秒钟，就会多迈一步，这一步就决定了你成功。遗憾的是，很多人往往在最后一秒钟的时候放弃了——这也许就是失败者比成功者多的一个重要原因。古希腊哲人苏格拉底说："许多赛跑者的失败，都是失败在最后几步。跑'跑的路'已经不容易，'跑到尽头'当然更困难。"一个人的成功往往来自于自己内心的一份坚持，虽然每个人的境遇完全不同，可是他们都没有放弃自己内心的追求！这一点点坚持使他们在竞争中成为真正的赢家！

点亮人生

　　德国伟大诗人歌德在《浮士德》一书中写道："始终坚持不懈的人，最终必然能够成功。"如果阿里不能坚持下去，也许失败者就是他了。人生的较量就是意志与智慧的较量，轻言放弃的人注定不是成功的人。

　　约翰尼·卡许早有一个梦想——当一名歌手。参军后，他买到了自己有生以来的第一把吉他。他开始自学弹吉他，并练习唱歌，他甚至创作了一些歌曲。服役期满后，他开始努力工作以实现当一名歌手的凤愿，可他没能马上成功。没人请他唱歌，就连电台唱片音乐书目广播员的职位他也没能得到。他只得靠挨家挨户推销各种生活用品维持生计，不过他还是坚持练唱。他组织了一个小型的歌唱小组在各个教堂、小镇上巡回演出，为歌迷们演唱。最后，他创制的一张唱片奠定了他音乐工作的基础。他吸引了两万名以上的歌迷，金钱、荣誉、在全国电视屏幕上露面——所有这一切都属于他了。他对自己坚信不疑，这使他获得了成功。

　　卡许接着经受了第二次考验。经过几年的巡回演出，他被那些狂热的歌迷拖垮了，晚上必须服安眠药才能入睡，而且要吃些"兴奋剂"来维持第二天的精神状态。他开始沾染上一些恶习——酗酒、服用催眠镇静药和刺激兴奋性药物。他的恶习日渐严重，以致对自己失去了控制能力。他不是出现在舞台上，而是更多地出现在监狱里了。到了后来，他每天须吃一百多片药。

一天早晨，当他从佐治亚州的一所监狱刑满出狱时，一位行政司法长官对他说："约翰尼·卡许，我今天要把你的钱和麻醉药都还给你，因为你比别人更明白你能充分自由地选择自己想干的事。看，这就是你的钱和药片，你现在就把这些药片扔掉吧；否则，你就去麻醉自己，毁灭自己。你选择吧！"

卡许选择了生活。他又一次对自己的能力做了肯定，深信自己能再次成功。他回到纳什维利，并找到他的私人医生。医生不太相信他，认为他很难改掉服麻醉药的坏毛病，医生告诉他："戒毒瘾比找上帝还难。"

卡许并没有被医生的话吓倒，他知道"上帝"就在他心中，他决心"找到上帝"，尽管这在别人看来几乎不可能。他开始了他的第二次奋斗。他把自己锁在卧室闭门不出，一心一意要根绝毒瘾，为此他忍受了巨大的痛苦，经常做噩梦。后来在回忆这段往事时，他说，他总是觉得昏昏沉沉，好像身体里有许多玻璃球在膨胀，突然一声爆响，只觉得全身布满了玻璃碎片。当时摆在他面前的，一边是麻醉药的引诱，另一边是他奋斗目标的召唤，结果后者占了上风。九个星期以后，他恢复到原来的样子了，睡觉不再做噩梦。他努力实现自己的计划，几个月后，他重返舞台，再次引吭高歌。他不停息地奋斗，终于又一次成为超级歌星。

卡许的成功来源于什么？很简单，就是因为他的坚持。

一个人拿到坏牌之后，不自强永远也不会有出头之日，仅仅一时的自强而不能长期坚持，也不会走上成功之路。因此，坚持不懈的自强，才是扭转牌局的根本力量。

柔弱胜刚强

——老子

智慧悟语

人生在世，难免跟别人打交道，也难免言高语低，有些磕磕碰碰的事。这时候，像水一样柔而不弱，既可使自己的心灵免于受伤，也可免于伤害别人，不是很好吗？

第一，保持内心的强大。内心强大的人，因为自信而总是从容不迫，无论别人的态度如何变化，他总是不动声色，泰然自若。假如我们被对方气势汹汹的态度吓得惊慌失措，是对方最乐意看见的结果。不管对方如何表演，仍能保持从容的心态，这样的人是不可战胜的。

第二，温和地对待别人的无礼。在生活中，我们经常会遇到别人无礼的对待，这时候，以无礼反击无礼，只会引起更强烈的人际冲突。如果我们保持温和的态度，就能有效化解别人强硬的态度，立于不败之地。因为在你面前，别人的强硬，就像一块石子投于水池，将消失得无影无踪。

第三，任何时候都不要失去自己的教养。温和有礼地对待别人，这是教养。假如别人态度无礼，还有没有必要对他讲礼貌呢？当然有必要。因为教养是我们自己的，不是别人的。无论别人是否有教养，也别忘了自己的修养。

点亮人生

古时候，有一位刺史，因为年轻，本州的武官对他不服气，总想找机会给他难堪。有一天，刺史的家童骑马出门，路上遇到武官，没有下马请安，匆匆驱马而过。这在当时是失礼行为，但也不是什么大过。武官正想找刺史的麻烦，哪肯放过这个机会呢？他佯装大怒，跃马追上去，将家童拉下马来，不由分说，用马鞭抽得皮开肉绽。然后，他提着马鞭，主动来见刺史，叙述事情经过后，故意说：“我打了您的家童，请让我走吧！”他的意思是请刺史允许他辞职。

这等于给刺史出了一道难题：如果刺史不同意他辞职，就输了一招，武官可就得意了：我打了你的家童，你敢把我怎么样？如果同意他辞职，又有公报私仇之嫌，反而被他抓住了把柄。这位年轻刺史并非等闲人物，他微微一笑，淡淡地说：“奴才见了官人不下马，打也可以，不打也可以；官人打了奴才，走也可以，不走也可以。”这无疑是说，打不打人，那是你的修养；走不走人，那是你的选择，总之跟我无关。

武官听了刺史的话，一时不知所措。如果他辞职的话，是自己让自己吃亏；如果他不辞职的话，是自己扫自己的面子。他默思半晌，无言以对，只得躬身告退。从此，他再也不敢为难刺史了。

这位刺史处变不惊，始终保持温和的态度，使对方找不到任何攻击的把柄，却让自己立于不败之地，这就是一种高明的处世策略。

第九篇

追逐缪斯之神

PART 01
艺术是征服
人生、生命的帝王

音乐和旋律，足以引导人们走进
灵魂的秘境

——苏格拉底

智慧悟语

孔子在齐国听到《韶》乐，沉浸在那美妙的境界中，三个月都食不甘味，他说："想不到音乐之美，竟能到如此境界啊！"《韶》乃舜时古乐曲名，也有人认为是赞颂舜的功德的曲子。

辜鸿铭曾说过，中国人过的是一种"心灵的生活"。而音乐无疑是中国人"心灵生活"的一个方面，确实，音乐是一种细腻而丰富的艺术表现形式，它对人的智力发育和情操陶冶都有很大的作用，也为人们的心灵提供了一个得以休憩的空间。

音乐就像润物无声的细雨，悄悄浣洗着人类的心灵，影响着人们的道德、意志、品格、情操。虽然古代儒家将音乐对道德的作用夸大了很多，如"乐者，德之华也"，"审音而知乐，审乐而知政"等，但多听高尚的音乐，确实会使人们的情趣高洁起来，多听铿锵雄壮的声音，也会使人们意志坚强起来，情绪高昂起来。当你的心灵"干燥"，需要一点滋润时，徜徉在音乐中将会是一个最佳选择。

点亮人生

从古至今，很多人都认识到了音乐的特殊作用。就拿先圣孔子来说，他就是十分幸运的，因为，他有一位伟大的母亲，他的母亲懂得用音乐艺术去教育、感染少年时代的孔子，这对他以后的发展是十分重要的。

颜征在，孔子的母亲，由于她教子有方，培养出了千古流芳的孔圣人，所以世人称颜征在为"圣母"。早在孔子还不懂事的时候，颜征在就买来了很多乐器，有时自己为儿子吹弹，有时请人为儿子演奏，有时让儿子自己摆弄。邻里乡人不解其意，颜征在对人们解释说，孩子现在还不懂事，但天长日久，他就会喜欢这些礼器。做人要讲根基，办事要按规矩，没有规矩不成方圆，礼器最讲礼仪与规矩，没有章法就演奏不出动听的乐曲。所以用这些礼器能让孩子早一点懂得礼仪、音律、等级，这对他日后的成长是至关重要的。

在母亲的引导和教育下，孔子对音乐有了浓厚的兴趣，很小就学会了吹、拉、弹、唱。邻里有了婚丧等红白喜事，他都挟着乐器跑去奏乐。长大后，孔子对音乐的爱好有增无减，简直到了胜过吃肉吃饭的地步。他在齐国听《韶》乐，一连三个月，吃饭连肉味都觉不出了。他说："想不到音乐之美，竟能到如此境界啊！"

孔子对音乐有很强的感悟能力。有一次，孔子向鲁国乐官师襄子学琴，一支曲子他一连弹奏了十日也不调换别的。师襄子建议他换个曲子，孔子说："我已经熟悉这支曲子了，但还没有领悟弹奏它的技术。"过了些时候，师襄子说："你已经掌握了弹奏这支曲子的技术，可以弹别的了。"孔子又说："我还没有领悟它的用意。"又过了一段日子，孔子仍在弹那首曲子，师襄子不耐烦地说："你已经了解它的用意了，可以换一支曲子了。"孔子说："我还没有领悟它所描写的人物形象呢。"又过了一些时候，孔子终于停下不弹了，他默然有所思，看向远处，说："我可能领悟到了，这个人又高又大，皮肤很黑，眼睛向上看，好像要统一四方，这不就是周文王吗？"师襄子听了非常惊讶地说："这支曲子就叫作《文王操》啊！"

从此，孔子对音乐钻研得更深了，他不仅以音乐陶冶情操，还对音乐有了很深的研究，能从音乐中悟出许多深刻的道理。

一位普通的母亲善用音乐的力量，从而培养出了圣人，可见音乐的魅力之强大。

搜尽奇峰打草稿
——石涛

智慧悟语

王羲之是东晋著名的书法家，字逸少，号澹斋。王羲之兼善隶、草、楷、行各体，精研体势，心摹手追，广采众长，备精诸体，冶于一炉，摆脱了汉魏笔风，自成一家，影响深远。其书法平和自然，笔势委婉含蓄，遒美健秀，后人评曰："飘若游云，矫若惊蛇"、"龙跳天门，虎卧凤阁"、"天质自然，丰神盖代"，被后人誉为"书圣"。其作《兰亭集序》为历代书家所敬仰，被誉作"天下第一行书"。

王羲之认为，书法作为一门艺术应讲究自然之美，领悟大自然的风韵。自然之道就是游离于四海、尘垢之外，追求自我的释放。受这种观念的影响，王羲之书法追求自然秀美、潇洒飘逸、结构自然生姿、不露人工雕凿之痕，望之唯逸、发之唯静，表现出一种超逸世俗的宁静与朦胧的境界。于是，他醉心于山水林泉的自然之美，崇尚人生的自然放达之美。书法上师法造化，循自然之势，形成自然飘逸的风格。

点亮人生

自古以来，许多艺术家都有各自的爱好，或是钟情于花花草草，或是沉溺于豢养鸟兽，王羲之的爱好却与众不同，他独偏好养鹅。王羲之爱鹅，他认为养鹅不仅可以陶冶情操，还能从鹅的某些体态姿势上领悟到书法执笔、运笔的道理。不管哪里有好鹅，他都有兴趣去看，或者把它买回来玩赏。

曾经有一个道士，他想要王羲之给他写《道德经》，可是他也知道王羲之是不肯轻易替人抄写经书的。正在他一筹莫展之时，偶然得知了王羲之喜欢白鹅的嗜好，他便托人买来一群品种极好的白鹅，蓄养在道观旁的池塘里，打算寻找一个合适的时机献给王羲之。

鹅还未献出，却恰逢一天王羲之与其子王献之乘舟于绍兴游览，船到县禳村，见岸边有一群白鹅，王羲之看得出神，询问得知这些鹅为道士所养，河里鹅群悠闲地浮游，一身雪白的羽毛，映衬着高高的红顶，实在逗人喜爱。王羲之在河边看着看着，简直舍不得离开，就派人去找道士，要求把这群鹅卖给他。对王羲之的要求，道士求之不得，便笑着说："既然王公这样喜爱，就不用破费，我把这群鹅全部送您好了。不过我有一个要求，就是请您替我写一卷经。"王羲之求鹅心切，欣然答应了道士提出的条件，毫不犹豫地给道士抄写了一卷经，那群白鹅就被王羲之带回去了。

王羲之"飘若游云，矫苔惊蛇"的书法让世人称奇，他飘逸的圣者风范更让世人倾慕不已。这主要得益于他平时注意观察大自然本身的美妙，善于从身边的事物中挖掘超脱尘世的精妙，融入其心，涵养出一颗飘逸绝尘的心灵。

PART 02
阅读，
是对心灵的操练

好读书，不求甚解；每有会意，便欣然忘食

——陶渊明

智慧悟语

　　书，是人类文化遗产的结晶，是人类智慧的仓库。宋代皇帝赵恒有一段著名的言论："富贵不用买良田，书中自有千锺粟；安居不用架高堂，书中自有黄金屋；出门莫恨无人随，书中车马多如簇；娶妻莫恨无良媒，书中自有颜如玉；男儿若遂平生志，六经勤向窗前读。"说明了读书的功用、乐趣无穷。

　　英国学者培根也说过："读书足以怡情，足以博彩，足以长才。怡情也，最见独处幽居之时；其博彩也，最见于高谈阔论之中；其长才也，最见于处世判事之际。"他又说："读史使人明智，读诗使人灵秀，数学使人严密，物理学使人深刻，伦理学使人庄重，逻辑学、修辞学使人善辩；凡有学者，皆成性格。"读书，可以让我们体悟人生，读懂历史，明了世界。

点亮人生

　　古今中外，爱读书的人都深知书中的乐趣。

　　宋苏舜钦将读书当作下酒的菜肴，边读边饮，一夜一斗。

　　明陈继儒（眉公）曾言："古人称书画为丛笺软卷，故读书开卷以闲适为尚。"清张潮在《幽梦影》中说："少年读书，如隙中窥月；中年读书，如庭中望月；老年读书，如台上玩月。皆以阅历之浅深，为所得之浅深耳。"

　　斜月小窗勤读书是一种乐趣，红袖添香夜读书是一种乐趣，欧阳修的"马上、枕上、厕上"是一种乐趣，而清代的金圣叹认为雪夜闭户读禁书，是人生最大的乐趣。

　　宋代女诗人李清照和丈夫赵明诚总爱跑到相国寺去买书籍、碑文，回来相对展玩，一面剥水果，一面赏碑帖，或者一面品佳茗，一面校勘各种不同的版本。后来她在《金石录后序》里写道："余性偶强记，每饭罢，坐归来堂烹茶，指堆积书史，言某事在某书某卷第几页第几行，以中否角胜负，为饮茶先后。中即举杯大笑，至茶倾覆怀中，反不得饮而起。甘心老是乡矣！故虽处忧患困穷，而志不屈……于是几案罗列，枕席枕藉，意会心谋，目往神授，乐在声色狗马之上。"

　　明代作家袁宏道有一晚在一本小诗集里，发现一个名叫徐文长的同代无名作家时，由床上跳起，向他的朋友呼叫起来，他的朋友拿那本诗集来读，也叫了起来，于是俩人呼叫起来，弄得他们的仆人疑惑不解。

　　英国小说家乔治·艾略特说她第一次读到卢梭的作品时，好像受了电流的震击一样。

粗缯大布裹生涯，腹有诗书气自华
——苏轼

智慧悟语

　　书籍可以把我们引入一个神奇、美妙的世界，使我们的生活更加丰富多彩、乐趣无穷，同时，还可以使我们从书中获得人生经验。因为人生短暂，不可能事事都去亲身体验，书中的间接经验，将有效地补充一个人经历的不足，增添生活的感受。

　　"书中自有黄金屋，书中自有颜如玉。"古人常常将读书作为求官得名的途径，这是从功利角度来讲的，读书不是追求物质上的利益，古人还说，腹有诗书气自华，最是书香能致远。多读书，多感悟，才能从中获益良多。

点亮人生

手捧书卷，馨香飘溢，华光绽放。

傍晚时分，执卷而读，看着从窗外斜斜地洒进屋内的几束淡淡的阳光，柔和而细腻，一种亲切与淡定的氛围便悄然地蔓延到心间。当阳光轻灵地在纸上跳跃，当微风静静地在纸上摩挲，窗外树叶斑驳的影子错落着在书页上起舞，一股淡淡的墨香沁人心脾。

古今中外，有那么多名人轶事都与读书有关。晋代车胤家境贫寒，买不起灯油，为了在夜晚读书，他将萤火虫装进纱袋里作为照明之用；寒风凛冽的冬季夜晚，孙康卧雪，只为借着雪的反光享受读书的乐趣；为了读书，汉朝孙敬头悬梁，战国苏秦锥刺股……到了近现代，名人们对书籍的热爱有增无减。书籍带给人精神上的愉悦是任何物质上的享受无法比拟和取代的。

　　宋朝初年，宋太宗赵匡义非常喜欢读书，他曾命文臣李昉等人编写了一部规模宏大的分类百科全书——《太平总类》。这部书收录了1600多种古籍的内容，分类归成55门，共1000卷。

　　这部书编完之后，宋太宗给自己定下一个规定，一年之内全部将其看完，也就是每天至少要看两三卷，于是这卷书也被更名为《太平御览》。当宋太宗做出这个决定之后，曾有人觉得皇帝每天要处理那么多国家大事，还要去读这么多部，实在是太过于辛苦，于是劝他多休息，少看一些，以免过度劳神。

　　可是，宋太宗回答说："我很喜欢读书，从书中我常常能得到乐趣，多看些书，总会有益处，况且我并不觉得劳神。"

　　于是，他仍然坚持每天阅读三卷，有时因国事耽搁了读书，他也要抽空补上，并常对左右的人说："开卷有益，朕不以为劳也。"

　　开卷有益，读书，可以彻悟人生道理；读书，可以洞晓世事沧桑；读书，可以广济天下民众。捧一帧书册，看史事五千；品一壶清茗，行通途八百。无须走马塞上，你便可看楚汉交兵；无须程门立雪，你便可听师长之谆谆教诲。

工欲善其事，必先利其器
——《论语》

智慧悟语

　　写作、阅读都是一个厚积薄发的过程，需要经过长期的积累、不断的磨炼才能够有所成就。积累越深厚，功底才能越厚重。其实，这本身就是一个磨炼意志、提升自我的过程。

　　"工欲善其事，必先利其器"。职场人士都非常注重提升自己有形、无形的能力，来满足事业长足的发展。谈起工作能力，我们往往会列举出来很多，诸如人际交往能力、组织管理能力、计算机运用能力等。常常会把阅读、写作这些基本功忽略不计，似乎这些能力都不值得一提了。岂不知，真正优秀的阅读、写作能力并非轻而易举就能具备的。好的阅读、写作能力看似简单、平常，却能够让我们的专业如虎添翼、锦上添花。

点亮人生

王冰是一个善于学习的人。他就职于一家会展公司的策划部门，他的策划方案主题鲜明、新颖独特，富有时代感，经常会被公司采纳。他的才华和工作能力颇受领导的赏识。工作两年后他就升为部门的项目主管。他之所以升迁如此快的原因，就在于善于通过阅读、写作的方式学习新东西。每次遇到会展举办的时候，其他的同事都是完成自己分内的工作就万事大吉。而他在完成自己的工作后，总是把其他会展公司的宣传单页、会展材料收集好。他把这些材料分门别类地整理好，并且经常对其他公司的创意进行点评。并且，对国外的会展策划的前沿设计非常感兴趣。时间长了，他的办公室抽屉里，井井有条地整理出了几大本材料。仅他密密麻麻整理的资料就有很多本。

王冰的阅读、写作习惯让他在自己的专业上不断吸取先进的技术和方法，不断总结完善自己。他的方式是值得我们效仿的。要知道，在当今的社会上，离开大学校园，并不意味着学习的结束。只要留心，处处都有值得我们学习的地方。在繁忙的工作中，也要不断地加强学习，苦练内功。阅读、写作就是一种非常好的学习方法。

阅读、写作的内容可以是关于自己的专业建设，也可以是自己的人生感悟。其实，重要的不是这个形式本身，而是我们的思维方式。

PART 03
没有音乐，
生命是一个错误

知音少，弦断有谁听

——岳飞

智慧悟语

　　岳飞在《小重山》一词中有"知音少，弦断有谁听"的感叹，对伯牙的绝琴明志时的心境是一种准确的诠释。伯牙断琴一者作为对亡友的纪念，再者为自己的绝学在当世再也无人能洞悉领会而表现出深深的苦闷和无奈。所以伯牙才会感到孤独，才会发出知音难觅的感慨。

　　仰望苍穹，四顾茫茫，人们越来越感叹知音难觅，自己的心思留与何人猜？在这个充斥着尔虞我诈的欲望人世，哪里还能寻得无欲无利的一颗清白之心？游戏人间的人们已经忘却了自己曾有一颗纯净善良的赤子之心，只知在这纷扰人世间，为自己的一己私利苦苦挣扎，和同道中人拼个你死我活，血汗淋漓。"血浓于水，难以分舍"这是亲情至圣之所在；"山无棱，江水为竭，冬雷阵阵夏雨雪，天地合，乃敢与君绝"这是爱情坚贞之所在。古人云："君子之交淡若水"，但是人们往往在收获了爱情与亲情的时候，却苦于难遇知音。

点亮人生

　　《高山流水》，为中国十大古曲之一。而《高山流水》之所以能够传世，更多的是其背后的俞伯牙摔琴谢知音的故事。

春秋时代的伯牙，精通音律，琴艺高超，是当时著名的琴师。一夜伯牙乘船游览，面对清风明月，他思绪万千，于是又弹起琴来，琴声悠扬，渐入佳境。忽听岸上有人叫绝，伯牙闻声走出船来，只见一个樵夫站在岸边，他当即请樵夫上船，兴致勃勃地为他演奏。伯牙弹起赞美高山的曲调，樵夫说道："真好！雄伟而庄重，好像高耸入云的泰山一样！"当他弹奏表现奔腾澎湃的波涛时，樵夫又说："真好！宽广浩荡，好像看见滚滚的流水，无边的大海一般！"伯牙兴奋极了，激动地说："知音！你真是我的知音。"这个樵夫就是钟子期。从此俩人成了非常要好的朋友。

两人分别约定，明年此时此刻还在这里相会。第二年，伯牙如期赴会，但却久等子期不到。于是，伯牙就顺着上次钟子期回家的路去寻找。半路上从子期的父亲那里得知子期因为积劳成疾已经去世，听到这个消息后伯牙悲痛欲绝。他随老人来到子期的坟前，抚琴一曲哀悼知己。曲毕，就在子期的坟前将琴摔碎，并且发誓终生不再抚琴。自此始有"高山流水遇知音,伯牙摔琴谢知音"的典故。

有人总是哀叹自己遇不到知己，但他又从不和身边的人交流心里的想法，虽然天天都在一起吃饭、睡觉、逛街、聊天，做一切可以一起去做的事情，但是对于心里的想法，从不表露，不拿出来和他们分享和分担。总是相信，那些可以推心置腹的朋友都在远方，都是过去，相隔千里，那种熟悉不需预热，就可燃烧。现在相处的人，只是命运机缘，如此聚来散去，不留痕迹。因而，少有珍惜。却不知，人生往往是"众里寻他千百度，蓦然回首，那人却在灯火阑珊处"。珍惜身边的人，珍惜身边的友情，你才蓦然发现，原来知己一直在身边，只是你忘记了卸下你的心防，向他们敞开你的心扉。

梅花者，为花之最清；琴者，为声之最清

——《闲云流馨》

智慧悟语

梅花自古以来被视为高洁的象征。历史上也有很多关于梅花的诗句和文艺作品，都写出了梅花高尚纯洁的气质。王冕关于墨梅的诗画，对梅花低调但高雅的风骨描述的淋漓尽致。在古曲《梅花三弄》中，青妙的琴音让人们的眼前隐约浮现出这样一番景象：清幽的天光之下，万物俱静，只听雪花簌簌落下，世界一片雪白，唯有梅花傲然挺立枝头，不惧寒风酷雪，自我地释放娇艳的美丽，任淡淡的清香弥漫开来。一曲《梅花三弄》，品味清光白梅覆雪之寒意，虽体冷而意悠远，音清而神清，琴洁而心洁，语止而心悦。

《梅花三弄》，又名《梅花引》、《玉妃引》古琴专辑《闲云流馨》中曾解析《梅花三弄》说："梅花者，为花之最清；琴者，为声之最清。以最清之声写最清之物，仙风傲骨，敷荣生机，皆隐隐限于指下。以此写意君子之气节。"品性高洁的君子也正如这傲立风雪中的梅花一般，卓然于纷扰俗世之上，专注于品悟自己的快乐，冷眼看繁华落尽，心却不染一丝尘埃。

点亮人生

一天，山前来了两个陌生人，年长的仰头看看山，问路旁的一块石头：

"石头，这就是世上最高的山吗？""大概是的。"石头懒懒地答道。年长的没再说什么，就开始往上爬。年轻的对石头笑了笑，问："等我回来，你想要我给你带什么？"石头一愣，看着年轻人，说："如果你真的到了山顶，就把那一时刻你最不想要的东西给我，就行了。"年轻人很奇怪，但也没多问，就跟着年长的往上爬去。斗转星移，不知又过了多久，年轻人孤独地走下山来。石头连忙问："你们到山顶了吗？""是的。""另一个人呢？""他，永远不会回来了。"石头一惊，问："为什么？""唉，对于一个登山者来说，一生最大的愿望就是战胜世上最高的山峰，当他的愿望真的实现了，也就没了人生的目标，这就好比一匹好马折断了腿，活着与死了，已经没有什么区别了。""他……""他自山崖上跳下去了。""那你呢？""我本来也要一起跳下去，但我猛然想起答应过你，把我在山顶上最不想要的东西给你，看来，那就是我的生命。""那你就来陪我吧！"年轻人在路旁搭了个草房，住了下来。人在山旁，日子过得虽然逍遥自在，却如白开水般没有味道。年轻人总爱默默地看着山，在纸上胡乱抹着。久而久之，纸上的线条渐渐清晰了，轮廓也明朗了。后来，年轻人成了一个画家，绘画界还宣称一颗耀眼的新星正在升起。接着，年轻人又开始写作，不久，他就以他的文章回归自然的清秀隽永一举成名。许多年过去了，昔日的年轻人已经成了老人，当他对着石头回想往事的时候，他觉得画画写作其实没有什么两样。最后，他明白了一个道理：其实，更高的山并不在人的身旁，而在人的心里，只有内心的宁静和淡泊，才能超凡于世俗之上，获得真我的意义。

故事中从山上跳下去的那位登山者，执着地追求着攀登上世界最高峰的荣誉，而一旦愿望实现，他却不能将之放下，再继续前行；而另一位年轻人因为遵守石头的承诺，所以他才有机会了悟真正的禅机——世界上更高的山在人的心里，收放之间，总能不断得到提升，只有坦然放下一切名利世俗的牵绊，才能真正提起生命的意义。

身处繁华俗世中的人们，又有几人懂得欣赏"繁华落尽"的美丽，又有几人能真正放下内心的欲望，从名利这场追逐赛中从容退出，寻回人生中那悠然飘扬的一缕浮香，重返人生的悠然与快乐？

只有尝过苦的滋味才会更加珍惜甜

——屠格涅夫

智慧悟语

　　快乐无处不在，苦难也无处不在。心要获得如莲花般的"濯清涟而不妖"，却必先沉溺于污浊的泥垢之中，感受黑暗，品味苦痛，方能"出淤泥而不染"。关注你身边的苦痛，同情、帮助你身边的弱者，才能让你的心更柔韧，更能感悟人生的大智慧、大快乐。只有品尝过痛苦，才会更加珍惜来之不易的甘甜。

　　《汉宫秋月》是饱含着人生悲苦的曲子。它原为崇明派琵琶曲，现流传有多种谱本，由一种乐器曲谱演变成不同谱本，且运用各自的艺术手段再创造，以塑造不同的音乐形象，现流传的演奏形式有二胡曲、琵琶曲、筝曲、江

南丝竹等。《汉宫秋月》一曲主要表达的是古代宫女幽怨、悲泣的情绪，以及一种无可奈何、寂寥清冷的生命意境，唤起人们对她们不幸遭遇的同情。

点亮人生

对于人生来说，悲苦从来都是无法逃避的。就算苦多乐少，那也是人生对我们的一种考验。我们要懂得以苦为乐的智慧，享受苦中作乐的那份智慧的坦然，以及化苦为乐的那份潇洒的超然。

人生总是会有太多酸甜苦辣，人的一生也难免会经历风雨。要勇敢地抬起头，坚定心中的信念，做一个生活的强者。学会见人，学会珍惜。因为苦尽之后，甘甜自来。

玛格丽一直在思索一个问题：怎样才能净化一个人的灵魂？终于有一天，她知道了答案。

那是一个天气晴朗的早晨，玛格丽在一家百货公司买东西。刚踏上向下移动的自动扶梯，她便注意到梯边站着一个60多岁的老妇人。她的表情告诉玛格丽，她心里非常害怕。

"要我帮忙吗？"玛格丽转过身问。

老妇人点点头。

等玛格丽回到她身边，她已改变了主意："我恐怕不行。"

"我可以扶着您。"

她低头看着那"怪物"，梯级不断形成、消失，形成、消失，显得犹疑不决。

玛格丽感到，老妇人那突如其来的恐惧，是因为自动扶梯是不通人性的机械。玛格丽把这一点向她挑明，她跟着点点头。玛格丽轻轻抓起她的手背："走吧，好吗？"

开始老妇人还有点恐惧，但当自动扶梯载着她们向下移动时，她稍微松弛了一点。等接近梯底时，她抓住玛格丽的手再度加紧，不过她们已安然到达。

"我非常感谢……"老妇人的声音微微有些颤抖。

"没什么，"玛格丽说，"能替您效劳，我很荣幸。"

那是好几个星期以来玛格丽最愉快的一刻。她在帮助那位老妇人时，觉得自己的心灵纯洁、健全，充满意义。

PART 04
翰墨丹青怡性情，
蓄静气

我们常常喜欢回归自然，以之为一切美和幸福的永恒源泉

——林语堂

智慧悟语

寄情于山水间，我们才能真正体会到"天地有大美而不言"。不管是古人也好，今人也好，总之我们生于天地间，山水总是时刻环绕着我们，躲不掉，也逃不掉。哪怕我们是生活在喧嚣的城市中，湮没在钢筋建筑堆里，我想我们心灵深处最渴望的还是那种回归自然的境地。

当我们真切地置身于山水之中，我们才会从繁杂的社会现实生活中解脱出来，在那片刻的安静中，也许我们会思考生活、人生、生命、未知，也许我们会一时顿悟，也许我们会一时光明起来，因为这时我们的心灵融入最清明的世界中，是最宁静的时刻，心在自然中也就感觉到了伟大和力量。真正深受人文山水洗礼过的人，他的心灵一定是安然和谐的，甚至于超凡脱俗。

点亮人生

山水画就是中国的风景画，但又不是简单的描摹自然的风光，而是画家的精神的诉求与流露，是画家人生态度的表达，是画家人生追求的体现。山水画的产生是与中国的道家思想密不可分的，道家思想追求的是自然无为，天人合一的精神境界，能"官天地，府万物"，"能胜物而不伤"。道家思想追求素朴自然，简淡肃静的艺术精神，所以山水画多以水墨表现为主，以色为辅。

山水画的意境就是山水画所创造的境界。主张以意为主，强调表现，意造境生，营造"山性即我性，山情即我情"的境界。山水画创造的意境不光是优美的景色，山川的风光，更多的是画家理想境界的追求，是超脱于烦琐与庸俗社会的心灵居所。山水画的境界给人的是可观、可行、可游、可居的神游场所，不论是北宗山水还是南宗山水，所表现的意境与功能无不如此，或是仙境一般的缥缈神奇，或是悠闲农夫渔樵的隐居之所。

山水画是中国人情思中最为厚重的沉淀。游山玩水的文化意识，以山为德、水为性的内在修为意识，咫尺天涯的视错觉意识，一直成为山水画演绎的中轴主线。从山水画中，我们可以集中体味中国画的意境、格调、气韵和色调。再没有哪一个画科能向山水画那样给国人以更多的情感。若说与他人谈经辩道，山水画便是民族的底蕴、古典的底气、我的图像、人的性情。

除李白寄情于山水间怡情寄情找寻一种人生的寄托外，王维的"明月松间照，清泉石上流"；孟浩然的："夜来风雨声，花落知多少"；杜牧的"停车坐爱枫林晚，霜叶红于二月花"。他们同样在山水间寻找一种理想的人生寄托，他们长时间积蕴的关于生活的艰辛、社会的忧患、天地之巨变等方面的感触，在寄情于山水间时，才能从疲惫的现实生活中解脱出来真切地融入自然和人文景观当中，常常览物抒情，慷慨言志。

彷徨乎尘垢之外，逍遥乎无事之业
——《庄子》

智慧悟语

一颗逍遥于尘世之外的心，能看到更多世间的精妙之处，一颗从容自得的心，能够在其艺术作品中得到彰显和印证。

人物画是以人物形象为主体的绘画之通称。中国的人物画，简称"人物"，是中国画中的一大画科，出现较山水画、花鸟画等为早；大体分为道释画、仕女画、肖像画、风俗画、历史故事画等。人物画力求人物个性刻画得逼真传神，气韵生动、形神兼备。其传神之法，常把对人物性格的表现，寓于环境、气氛、身段和动态的渲染之中。故中国画论上又称人物画为"传神"。

在人物画中，笔墨相互为用，笔中有墨，墨中有笔，一笔落纸，既要状物传神，又要抒情达意，还要显现个人风格，其难易程度远胜于山水花鸟画。人物画的精妙之处在于画出人物的传神之处，这就需画者的精到的功夫，当然最重要的还是画家的一颗超然尘世之心。

点亮人生

人物画总是能抓住事物的特色、人物的个性，从而形成自己特立独行的风格。做人也要活出自己的风范，超然于俗世红尘之上，才能领悟人生至境的欢乐。超然红尘的人毕竟是凤毛麟角，并非人人可得的境界。正因为如此，才愈发珍贵。东晋著名画家顾恺之就属于这超然尘上的凤毛麟角之人。

顾恺之的"画绝"，其画绝就绝在传他善于画人物，却往往在画成之后好几年都不给此人点出眼睛。后人称赞顾氏之画"意在笔先，画尽意在"，连东晋著名宰相、"淝水之战"总指挥谢安亦赞叹道："自苍生来未之有也。"

顾恺之的传

世之作《洛神赋图》，是他在看过三国时曹操的第三子曹植所写《洛神赋》这篇著名文学作品后有感而画的。传说曹植少时曾与上蔡县令甄逸之女相恋，后甄逸之女被嫁给了他的哥哥曹丕为后，而甄后在生了明帝曹睿后又遭谗致死。曹植在获得甄后遗枕后感而生梦，写出《感甄赋》以作纪念，明帝曹睿将其改为《洛神赋》传世。而洛神是传说中伏羲之女，溺于洛水为神，世人称作宓妃。把此二人相提并论，实际上也是一种对甄后的怀念和寄托。顾恺之读过《洛神赋》后大为感动，一气画成《洛神赋图》。此卷一出，无人再敢绘此图，故成为千百年来中国历史上最为世人所传颂的名画。

顾恺之超然尘世的气度成就了《洛神赋图》的高度，后人难以望其项背，故无人再敢绘其图。人生正是要有这样超然尘上的风范，才能将你的人生引入精妙绝伦的至真至纯胜境。

怨恨、思慕、醉酣、无聊、不平，有动于心，必于草书挥毫发之

——韩愈

智慧悟语

草书把中国书法的写意性发挥到极致，用笔上起抢收曳，化断为连，一气呵成，变化丰富而又气脉贯通。草书在所有的书体中最为奔放跃动，最能反映事物多样的动态美，也最能表达和抒发书法家的情感。草书形成于汉代，是为书写简便在隶书基础上演变出来的。有章草、今草、狂草之分。章草笔画省变有章法可循，今草不拘章法，笔势流畅，狂草出现于唐代，以张旭、怀素为代表，笔势狂放不羁，连绵环绕，字形奇变百出，成为完全脱离实用的艺术创作，从此草书只是书法家临摹章草、今草、狂草的书法作品。在章草、今草和狂草之中，狂草最能体现出草书狂放的特征。

人生有时也需要一点"狂草"精神，激发生命深处的热情，让沉默乏味的生活盛开别样的灿烂之花。而唐代的高僧怀素之所以成为"狂草"的精粹人物，不仅仅在于他的传世狂草佳作《自叙帖》，更在于他狂放不羁的性格。

点亮人生

怀素10岁出家为僧。年少时在经禅的空闲之时，就爱好书法。那时因为贫穷，没有钱买纸墨，为了练字，他种了一万多棵芭蕉，用蕉叶代纸。由于住处触目都是蕉林，因此他风趣地把住所称为"绿天庵"。他又用漆盘、漆板代纸，勤学精研，盘、板都写穿了，还写坏了很多笔头，后把它们埋在一起，名为"笔冢"。

他性情疏放，锐意草书，却无心修禅，平日里更是喜欢饮酒吃肉，交结名士，与李白、颜真卿等都有交游。他以"狂草"名扬于世上。唐代文献中有关怀素的记载甚多。"运笔迅速，如骤雨旋风，飞动圆转，随手万变，而法度具备"。王公名流也都爱结交这个狂僧。唐任华有诗写道："狂僧前日动京华，朝骑王公大人马，暮宿王公大人家。谁不造素屏，谁不涂粉壁。粉壁摇晴光，素屏凝晓霜。待君挥洒兮不可弥忘，骏马迎来坐堂中，金盘盛酒竹叶香。十杯五杯不解意，百杯之后始癫狂……"前人评其狂草继承张旭又有新的发展，谓"以狂继癫"，所以把他二人并称"颠张醉素"，对后世影响极大。

怀素善以中锋笔纯任气势作大草，如"骤雨旋风，声势满堂"，到"忽然绝叫三五声，满壁纵横千万字"的境界。虽然是疾速，但怀素却能于通篇飞草之中，极少失误。与众多书家草法混乱常出现很多缺漏相比，实在高明得多。是知怀素的狂草，虽率意颠逸，千变万化，终不离魏晋法度。这确实要归功他从极度苦修中得来。怀素传世的书迹较多，计有《千字文》、《清净经》、《圣母帖》、《藏真帖》、《自叙帖》、《苦笋帖》、《食鱼帖》、《四十二章经》等。

怀素本纵情狂发的性格，成就了他纵情狂放的狂草书法，他运笔时常一笔数字，隔行之间气势不断，笔势连绵回绕，酣畅淋漓；运笔如骤雨旋风，飞动圆转，出神入化，笔墨之间尽显人生之潇洒狂放。

人们的生活大多时候是在平平淡淡中过去，很少有机会和勇气去疯狂一次，更不用说像怀素那样过一种狂且真的人生。平静的生活固然安逸，但纵情狂放的生活也未必不是另一番生活滋味。揭下淡然的面具，放纵生命的本性，或许寻得了另一个快乐的心灵胜境。

第十篇

事业：灵魂安身立命的时空

PART 01
该做还是想做

造一座大厦，如果地基不好，上面再牢固，也是要倒塌的

——李嘉诚

智慧悟语

凡是事业上有所作为的人，都是踏踏实实地从做简单的工作开始，慢慢发展起来的。他们通过做一些微不足道的小事找到自我发展的平衡点和支点，在沉得住气中积蓄力量，逐步迈向成功。所谓"万丈高楼平地起"：高耸的楼房是从地基开始，一砖一瓦搭建而成的；高大的树木是由一粒种子开始，下土发芽生根慢慢长大而成的；成功的事业是从一件件小事开始，一点一滴积累而成的。

建筑房屋要从地基开始造起，这是我们每个人都知道的。然而，对于事业要从点滴小事做起，我们许多人却对此颇为不屑，深感自己"才高八斗"、"壮志凌云"，大材小用是对人才的浪费！那些浅陋无知的人，往往就像故事中的富翁，只留意风光华丽的外表，却忽视了其所必需的内在支撑。没有根基的大厦，很快就会倒塌；没有踏实的工作，成功永远是空中楼阁。

点亮人生

一家驻北京的跨国公司招聘员工，吸引了大批年轻人前去应聘，但由于标准很高，许多人都被刷了下来。经过一番严格的筛选之后，一位年轻人脱颖而出，公司对他的表现也很满意。公司的人力资源部经理和他先后谈了三次，最后，他问了一个出人意料的问题："如果我们要你先去洗厕所，你愿意吗？"

年轻人毫不在意地说："我们家的厕所一贯都是我洗的。"结果他成功入选。原来，这家公司训练员工的第一课就是洗厕所，因为在服务行业里，他们的理念是：只有从最底层的工作开始学习，才能够真正懂得"以客为尊"的道理。

事后，有人问这位年轻人："当时你为什么那么干脆回答自己愿意洗厕所呢？"年轻人说："我刚毕业，没有工作经验，不可能一开始就能跃居高位，从底层做起，对我来说是很自然的事，这样更能锻炼自己。"

在工作中，谁都希望能得到上司的信任与重用，都希望上司能把最重要的工作交给自己完成，但并不是每一个人都能如愿以偿的。而这位年轻人的可贵之处就在于有自知之明，能对自己进行准确定位。相比之下，许多员工则对自己抱有不切实际的期望，认为自己一开始就应该受到重用，不愿意从最基本的工作做起，认为底层的工作没有任何意义，对自己毫无价值。

其实，基层是最容易积累工作经验的地方，也是最容易锻炼人的地方。基层工作给了你一个熟悉业务、掌握业务的机会，是一个经验积累的平台。沉住气，从基层做起，可以锻炼你的能力，从而更好地磨炼你。

每个人都有梦想，但再宏伟的建筑也要从地基开始。本田的总裁能从小小的推销员做起，大企业当年也是从小平房起步的。脚踏实地才能成就非凡事业，眼高手低只会让自己游走于困惑与茫然的边缘。

远见告诉我们可能会得到什么东西，远见召唤我们去行动

—— 凯瑟琳·罗甘

智慧悟语

远见会使你的工作与生活轻松愉快。它赋予你成就感，赋予你乐趣。当那些小小的成绩为更大的目标服务时，每一项任务都成了一幅更大的图画的重要组成部分。

远见会为你的工作增添价值。同样，当我们的工作是实现远见的一部分时，每一项任务都具有价值，哪怕是最单调的任务也会给你满足感，因为你看到更大的目标正在实现。

如果你有远见，那么你实现目标的机会就会大大增加。美国商界有句名言："愚者赚今朝，智者赚明天。"一切成功的企业家，每天必定用80%的时间考虑企业的明天，20%的时间处理日常事务。着眼于明天，不失时机地发掘或改进产品或服务，满足消费者新的需求，会独占鳌头，形成"风景这边独好"的佳境。

点亮人生

19世纪80年代，约翰·洛克菲勒已经以他独有的魄力和手段控制了美国的石油资源，这一成就主要受益于他从创业中锻炼出来的预见能力和冒险胆略。1859年，当美国出现第一口油井时，洛克菲勒就从当时的石油热潮中看到

了这项风险事业是有利可图的。他在与对手争购安德鲁斯·克拉克公司的股权中表现出了非凡的冒险精神。拍卖从500美元开始，洛克菲勒每次都比对手出价高，当达到5万美元时，双方都知道，标价已经大大超出石油公司的实际价值，但洛克菲勒满怀信心，决意要买下这家公司。当对方最后出价7.2万美元时，洛克菲勒毫不迟疑地出价7.25万美元，最终战胜了对手。

当他所经营的标准石油公司在激烈的市场竞争中控制了美国市场上炼制石油的90%时，他并没有停止冒险行为。19世纪80年代，有人发现一个大油田，因为含碳量高，人们称之为"酸油"。当时没有人能找到一种有效的办法提炼它，因此一桶只卖15美分。洛克菲勒预见到这种石油总有一天能找到提炼方法，坚信它的潜在价值是巨大的，所以执意要买下这个油田。当时他的这个建议遭到董事会多数人的坚决反对，洛克菲勒说："我将冒个人风险，自己拿出钱去购买这个油田，如果必要，拿出200万、300万。"洛克菲勒的决心终于迫使董事们同意了他的决策。结果，不到两年时间，洛克菲勒就找到了炼制这种"酸油"的方法，油价由每桶15美分涨到1美元，标准石油公司在那里建造了当时世界上最大的炼油厂，赢利猛增到几亿美元。

伟大的理想只有经过忘我的斗争和牺牲才能胜利实现

——乔万尼奥里

智慧悟语

"敢为天下先"是要人们敢于做先行者，开天下万物之先河，做他人未曾做过的事。在老子所处的那个乱世，老子是推崇"无为而治"的人生理念，因此他是不推崇人们"敢为天下先"的，怕人们犯了激进主义的毛病，扰乱了生活的清净。

然而，综观古今，凡有成就者，他们无不具有勇于尝试的勇气。神农氏冒生命危险，尝遍百草，创出古未有之事，使后世子孙享福延寿；孔子在春秋战乱时期大胆提出"仁道"思想，创立儒家学派，为中国的文化奠定了坚实的儒学基础；司马光耗尽毕生的精力，终于完成第一本纪传体通史——《资治通鉴》；苏轼大胆创立"豪放派"宋词，使宋词大放异彩；……人类历史上的每一次进步都是"敢为天下先"最好的证明。

点亮人生

咸丰初年，山西祁县乔家堡乔家大东家乔致广生意失败，病重去世。乔家在包头因和对手邱家争做霸盘生意导致银两亏缺、货物滞销。股东、商家纷纷上门讨要股银和货款。危难之际，不但没有商家愿意借银子帮助乔家渡过难关，反而都窥视着乔家的产业伺机瓜分。乔家的生意危在旦夕。

在此危亡时刻，身为二东家的乔致庸临危受命，背负起挽救危亡、振兴乔家的重任。一接手乔家的生意，乔致庸就立即赶到包头，先稳定了内部的人心，更是在包头众人疑惑的眼光下，兵行险招，最终借来了周转的资金，顺利度过了危机。由于乔致庸的宽容大度，还使得乔家与竞争对手达盛昌化干戈为玉帛。之后，乔致庸更是"敢为天下先"地打破行规，大胆启用有能力的新人，并制定了新店规，保证了乔家生意稳定的同时也逐步建立了以"诚信"为首的商业秩序。更使得乔家的复字号成为包头第一大商号，几乎垄断了整个包头市场，留下"先有复盛公，后有包头城"的美名。

当时，由于北方捻军和南方太平军起义，南北茶路断绝，乔致庸平复包头危机之后，最大的功绩，当属疏通南方的茶路、丝路。为商家谋利，为天下运茶，为天下茶民造福，一举三得。然而，利润常常与风险共存，南下贩茶千里万里，山高水险，况且当时也并非太平盛世，太平军雄踞长江，清政府统治岌岌可危。疏通江南的商路在晋商们眼里几乎是天方夜谭。然而，在乔致庸眼里，这却是个难得的机会——天下人皆不去疏通茶路，这里就暗藏着一个天大的商机。乔致庸敢为天下先，联合水家、元家、邱家的资金，浩浩荡荡，历尽艰难险阻，南下武夷疏通商路，然后又北上恰克图开辟市场，终于实现了"货通天下"的梦想，乔家大德兴扬名四海。

PART 02

思考是地球上
最美的花朵

真知灼见，首先来自多思善疑
——洛威尔

智慧悟语

积极思考是现代成功学非常强调的一种智慧力量，如果做一件事不经过思考就去做，大多时候我们会因为自己的鲁莽而碰壁，甚至会造成难以挽回的后果。所以，最保险的办法是三思而后行。但"思"也不是件简单的事，思考也有它的特点和方法。成大事者都有自己独特的思考方法。

思考习惯一旦形成，就会产生巨大的力量，爱因斯坦非常重视独立思考，他说："高等教育必须重视培养学生具备会思考、探索的本领。人们解决世上所有问题用的是大脑的思维本领，而不是照搬书本。"

点亮人生

正确的思考方法不是天生就有的，它需要后天的训练和个人的有意培养。只要努力，就会有所收获。

下面介绍几种思考方法，仅供参考：

1. 正确认识自己

西方有句话说得好："性格即命运。"意思是命运是掌握在每个人自己手中的，因此各人的性格与心态关系到各人的人生命运。

我们怎样对待生活，生活就怎样对待我们；我们怎样对待别人，别人就怎样对待我们。如果我们把自己的境况归咎于他人或环境，就等于把自己的命运交给了上天。如果我们始终对自己说"我能行"，并积极行动，我们也许就可以无所不能。

2.专注——"成功的第一要素"

思考是一件需要聚精会神的事情，也就是专注。

《成功》杂志庆祝创刊100周年时，编辑们节录了一些早期杂志中的优秀文章，其中有一篇关于《爱迪生的访谈》给读者们留下了深刻的印象，这篇访谈的作者奥多·瑞瑟在爱迪生的实验室外安营扎寨了三周才获得了访问这位伟大发明家的机会。以下就是访谈的部分内容：

瑞瑟："成功的第一要素是什么？"

爱迪生："能够将你身体与心智的能量锲而不舍地运用在同一个问题上而不会厌倦的本领……可以说，我们每个人每天都做了不少的事。假如你早上7点起床，晚上11点睡觉，你就能做整整16个小时的工作，唯一的问题是，他们能做很多很多事，而我只能做一件。假如你们将这些时间运用在一个方向、一个目的上，你就会成功。"

由此可见，只有选准目标，并且专注于其上，才可能获得成功。

3. 构建合理的知识结构

我们要明白这样的道理，什么事情都要有一个合理的结构，这样才能成立。这样的结构只有通过思考才能建立，反过来，只有合理的知识结构，才能促进你在事业中更好地思考。所以，要成大事，就要有自己的知识结构，从而使知识化为成功的动力。

知识结构具有全球普遍的价值和意义。任何民族、任何国家都有自己独特的知识结构，而且，任何巨星、任何伟人、任何大师，甚至每一个人都有自己独特的知识结构。知识结构是一个人、一个民族、一个国家进行伟大创新和创造的基础，是人类文明大厦的基石。就个人而言，知识结构更是其创造的支柱、成功的保障。

在知识经济的背景下，具有合理知识结构和知识应用本领并积极思考的人，将是时代的主人，而这一切都来源于强大的学习思考本领。这是未来社会对人才的基本要求，即在未来社会每个人都必须做到"无所不能"。在这个信息纷繁复杂、科技日新月异的时代里，青年人如果没有高超的学习及思考本领，就不能及时学习新的理论、技能，不能及时更新观念，结果必然是被淘汰出局。

伟大的思想能变成巨大的财富
——塞内加

智慧悟语

穷之所以穷，富之所以富，不在于文凭的高低，也不在于现有职位的卑微或显赫，关键的一点就在于你是恪守穷思维还是富思维。

哲学家普罗斯特曾说过："真正的发现之旅，不在于寻找世界，而在于用新视野看世界。"世界瞬息万变，现代人在面对新世纪的挑战时，首先要改变自己的思想观念，与时俱进，不能故步自封、抱残守缺，更不能一成不变、裹足不前。而必须以新思想、新观念、新视野适应世纪的种种变化。

一本杂志的扉页中有这样一段文字："有了智慧，我们才能得到财富；有了财富，我们才能得到自由。"可见思想观念对人的影响何其重要，现代人要靠领薪水致富，恐怕难如登天，靠思想观念致富则是一条捷径。世界首富比尔·盖茨就是一个靠脑袋致富的典型例子，他拥有比别人先进的观念，将许多别人想不到的想法和创意化为电脑软件程式，在电脑资讯界独领风骚，赚进亿万财富。

点亮人生

有些人想挣钱，但是他们使自己的思维处在封闭状态。因此，他们不可能处于一种富有的环境中。

很多时候，使我们陷入贫穷的正是思想上的贫穷。

很少有人能够认识到形成成功思想的可能性，事实上，任何东西都是首先创造于头脑，随后才是实物。如果我们的思考能力更强些，我们就会是更好的物质劳动者。

由智慧养成的习惯成为第二天性
——培根

智慧悟语

旧的习惯被破除，新的习惯又会产生，只是我们深信："创新是创新者的通行证，习惯是习惯者的墓志铭。"

一个好习惯是一种思维定式，是一种行动的本能。我们习惯在早已习惯的轨道上滑行，我们习惯在习惯的人与事中穿梭。这种轻车熟路的感觉让我们安逸舒适，这种美好愉悦的心境让我们一路上看到的净是良辰美景。

点亮人生

有一个伐木工人在一家木材厂找到了工作，报酬不错，工作条件也很好，他很珍惜，下决心要好好干。

第一天，老板给他一把利斧，并给他划定了伐木的范围。这一天，工人砍了18棵树。老板说："不错，就这么干！"工人很受鼓舞，第二天，他干得更加起劲，但是他只砍了15棵树。第三天，他加倍努力，可是仅砍了10棵。

工人觉得很惭愧，跑到老板那儿道歉，说自己也不知道怎么了，好像力气越来越小了。

老板问他："你上一次磨斧子是什么时候？"

"磨斧子？"工人诧异地说，"我天天忙着砍树，哪里有工夫磨斧子！"

这个工人以为越卖力工作，成果就会越大，殊不知，"磨刀不误砍柴工"，没有锋利的工具，又怎么能干出有效率的工作呢？这个工人的失误就在于思维习惯束缚了他。

还有一则笑话：

有一天，某局长突然接到一封加急电报，电文是："母去世，父病危，望速回。"阅毕，局长痛不欲生，边哭边在电报回单上签字，邮递员接过回单一看，那上面写的竟是"同意"二字。原来局长已经习惯写"同意"了。

看了这则笑话许多人大笑过后，不禁陷入了沉思，习惯对个人及集体的影响实在太大了。

好习惯可以助人成长，坏习惯则可以毁人一生。

PART 03
用坚持把信念变钻石

天下难事，必作于易；天下大事，必作于细

——老子

智慧悟语

在武侠电视剧中，我们常常会看到这样的情形：很多人都有自己独特的招数，而这个招数是别人无法与之匹敌的，郭靖的绝招是"降龙十八掌"，梅超风的绝招是"九阴白骨爪"，令狐冲的绝招是"独孤九剑"，张三丰的绝招是"太极拳"等，当这些人拿出自己

的看家本领时，别人都会吸一口冷气，吓出一身冷战，想不出拿什么来迎战。自己既不会"凌波微步"，又没有"葵花点穴手"，怎能战胜别人？其实没有独到的功夫照样可以制胜。

生活中，我们常听人这样说："做好人并不难，难的是一辈子都做好人。"做一件简单的事情并不难，难的是每一件简单的事都做得非常好。

点亮人生

苏格拉底对学生们说："今天咱们只学一件最简单也是最容易的事，每人把胳膊尽量往前甩，然后再尽量往后甩。"说着，苏格拉底示范了一遍。"从今天开始，每天做300下。大家能做到吗？"学生们都笑了。这么简单的事，有什么做不到的？过了一个月，苏格拉底问学生们："每天甩手300下，哪些同学在坚持做？"有90%的同学骄傲地举起了手。又过了一个月，苏格拉底又问，这回，坚持下来的学生只剩下八成。一年过后，苏格拉底再一次问大家："请告诉我，最简单的甩手运动，还有哪几位同学坚持了？"这时，整个教室里，只有一学生举起了手。这个学生就是后来成为另一位大哲学家的柏拉图。

"能够把每一件简单的事情做好就是最大的不简单。"一个人做事没有耐心，没有恒心是很难成功的。因为任何一件事的成功都不是偶然的，它需要你耐心地等待。同样，一个人做事不坚持，他就很难成功，因为他在成功到来之前已经放弃了。一个人的毅力决定了他在面对困难、失败、挫折、打击时，是倒下去还是屹立不倒。对于企业来讲也是如此，一个企业不能单单靠着"一时的冲劲"，长期坚持才能做好。有些饭店在开张的时候能得到不少的顾客的认同，但等到有了起色，他们就开始懈怠了，不仅饭没有以前好吃，服务也日渐不如从前，原有的顾客群对其失去信心不再光顾，于是，饭店经营惨淡，之后做了不少事情弥补也很难见效。所以，要成功，就要有坚持做一件事情的毅力。

做一件简单的事情并不难，但能够把每一件简单的事情都做好并非易事，要有恒心、有毅力持之以恒，还要有自己的原则和底线，才能够坚持自我。唯其如此，才能够把简单的事情变得意义非凡，才能将简单的招数练成自己的绝招！

千万人的失败，都失败在做事不彻底

——莎士比亚

智慧悟语

很多时候，成功并没有想象中的那么遥远。大戏剧家莎士比亚说："千万人的失败，都失败在做事不彻底；往往做到离成功还差一步，便终止不做了。"这样的失败，无疑很令人扼腕。其实，我们与成功只是一步之遥，这一步便是坚持不懈、锲而不舍。

坚持，一个再简单不过的词汇，但也是一个鲜有人达到的标准。在冯友兰先生看来："我们在一生中，想做的事不一定都能成功，而尤其是新兴的事业，那更没有把握了。……所以我们无论做什么事，遇到失败，千万不要灰心，仍然要继续做下去。"他也正是秉持着这份坚持，才收获了在哲学领域的成就。

点亮人生

他5岁时就失去了父亲，14岁时从格林伍德学校辍学开始了流浪生涯。他在农场干过杂活，干得很不开心；他当过电车售票员，也很不开心；16岁时他谎报年龄参了军，但军旅生活也不顺心；服役期满后，他去亚拉巴马州开了个铁匠铺，但不久就倒闭了；随后他在南方铁路公司当上了机车司炉工。不料，在得知太太怀孕的同一天，他又被解雇了。接着有一天，当他在外面忙着找工

作时，太太卖掉了他们所有的财产，逃回了娘家。随后经济大萧条开始了；他没有因为老是失败而放弃，而是一直非常努力。

他曾通过函授学习法律，后来因生计所迫放弃；他卖过保险，也卖过轮胎；他经营过一条渡船，还开过一家加油站。但这些都失败了。有人说，认命吧，你永远也成功不了。

后来，他成了考宾一家餐馆的主厨和洗瓶师，要不是那条新的公路刚好穿过那家餐馆，他会在那里取得一些成就。接着他就到了退休的年龄。他并不是第一个，也不会是最后一个到了晚年还无以为荣的人。成功之鸟，总是在不可企及的地方向他拍打着翅膀。

要不是有一天邮递员给他送来了他的第一份社会保险支票，他还不会意识到自己已经老了。政府很同情他。政府说，轮到你击球时你都没打中，不用再打了，该是放弃、退休的时候了。

那时，他身上的一种东西愤怒了，觉醒了，爆发了。

他收下了那105美元的支票，并用它开创了新的事业。而今，他的事业欣欣向荣。而他，也终于在88岁高龄大获成功。这个充满毅力，到了该结束时才开始的人就是哈伦德·山德士，肯德基的创始人。他用他的第一笔社会保险金创办的崭新事业正是肯德基。

山德士正是凭借着不懈的追求，才换来了成功的人生。其实，胜利者往往是能比别人多坚持哪怕只有一分钟的人。即使精力已经耗尽，能用最后残存的一点点能量支撑下来的人就是最后的成功者。

唯坚韧者始能遂其志
——富兰克林

智慧悟语

这个世界上，有一种人，寂寂无声，但却恒心不变，只是默默辛劳地努力着，坚持到底，从不轻言放弃。事业如此，德业亦如是。

也许，我们每个人的心里都有一个执着的愿望，只是一不小心把它丢失在了时间的蹉跎里，让天下间最容易的事变成了最难的事。然而，天下事最难的不过十分之一，能做成的有十分之九。要想成就大事的人，尤其要有恒心来成就它，要以坚忍不拔的毅力、百折不挠的精神、排除纷繁复杂的耐性、坚贞不变的气质，作为涵养恒心的要素，去实现人生的目标。

点亮人生

一位青年问著名的小提琴家格拉迪尼："你用了多长时间学琴？"格拉迪尼回答："20年，每天12小时。"

我们与大千世界相比，或许微不足道，不为人知。但是我们能够耐心地增长自己的学识和能力，当我们成熟的那一刻、一展所能的那一刻，将会有惊人的成就。

正如布尔沃所说："恒心与忍耐力是征服者的灵魂，它是人类反抗命运、个人反抗世界、灵魂反抗物质的最有力支持，它也是福音书的精髓。从社会的角度看，考虑到它对种族问题和社会制度的影响，其重要性无论怎样强调也不为过。"

凡事没有耐性，不能持之以恒，正是很多人最后失败的原因。英国诗人布朗宁写道：

实事求是的人要找一件小事做，

找到事情就去做。

空腹高心的人要找一件大事做，

没有找到则身已故。

实事求是的人做了一件又一件，

不久就做一百件。

空腹高心的人一下要做百万件，

结果一件也未实现。

拥有耐力和恒心，虽然不一定能使我们事事成功，但却绝不会令我们事事失败。古巴比伦富翁拥有恒久的财富秘诀之一，便是保持足够的耐心，坚定发财的意志，所以他才有能力建设自己的家园。任何成就都来源于持久不懈的努力。星云大师告诉世人，把人生看作一场持久的马拉松。整个过程虽然很漫长、很劳累，但在挥洒汗水的时候，我们已经慢慢接近成功的终点。半路放弃，我们就必须要找到新的开始，那样我们会更加迷失，可是如果能继续坚持下去，终点是不会弃我们而去。

PART 04
最好的机遇，就在你身边

唯有自己先倒下，才会被人打倒

——星云大师

智慧悟语

日本教育界有句名言："除了阳光和空气是大自然的赐予，其他一切都要通过劳动获得。"许多日本学生在课余时间都要去参加劳动挣钱，大学生中勤工俭学的现象非常普遍，有钱人家的孩子也不例外。他们靠在饭店端盘子、洗碗，在商店售货，在养老院照顾老人或做家庭教师来挣自己的学费。孩子很小的时候，父母就给他们灌输一种思想——"不给别人添麻烦"。全家人外出旅行，不论多么小的孩子都要背上一个小背包。别人问"为什么"，父母说："他们自己的东西，应该自己来背。"

人们既应当善用才智，同时也应该勤奋刻苦，因为光有聪明才智不够，还要付诸实践。好运常常眷顾那些主动寻找它的人，但好运也会很快溜走，如果你不在它还伴随你的时候迅速且实在地利用它，你就只能白白地看着到嘴边的鸭子飞走了。所以，要学会把握机会，把握命运，自我进取，自强不息。

点亮人生

有人问一位著名的艺术家，跟从他习画的那个青年将来会不会成为一个大画家，艺术家一口否认："不，永远不会！他没有生存的苦恼，他每年都会从家里得到好几万元资助。"这位艺术家深深知道，人的本领是从艰苦奋斗中锻炼出来的，而在财富的蜜罐中，这种精神很难发挥出来。

翻开历史我们可以知道，各行各业的许多成功人士，早年大多是刻苦奋斗的孩子，从逆境中脱颖而出。那些发明家、科学家、实业家和政治家，大多是为了实现提高自己地位的愿望而努力向上、勤奋不懈，他们不仅聪慧，而且乐于付诸实践。

成功，并不是偶然的结果，往往是排除困难之后而得到的。伟人产生于艰苦的环境，这通常是一个惯性。

古希腊有个叫德斯梯尼的演说家，儿时曾患有口吃病，不善言谈，结果常常被别人嘲笑。而他的人生志向恰恰是成为演说家。德斯梯尼不甘心屈服于先天的弱点，于是每天跑到海边或爬上高山，口含小石子，高声演讲。舌头和嘴巴常常会被石子磨破，但德斯梯尼从不曾放弃。在自己不懈的努力下，他终于变得能言善辩，成为著名的演说家而名垂青史。

一个明智的人总是抓住机遇，把它变成美好的未来

——托·富勒

智慧悟语

很多时候，机遇就藏在一些小角落里，能不能抓住机遇，就看你会不会倾听。可是在我们的周围许多人常犯这样的毛病，一旦打开话匣，就难以止住。其实，这种人得不偿失，因为他们自己付出得太多，话说得多了，既费精力，又给他人传递太多的信息，还有可能伤害他人；另外，他们无法从他人身上吸取更多的东西，当然问题不在于别人太吝啬，而是他不给别人机会。看来，那些说个不停者确实该改改自己的毛病，多关注你的周围，多听听别人的心声，你会获得更多意外的收获。

点亮人生

金娜娇，京都龙衣凤裙集团公司总经理，下辖9个实力雄厚的企业，总资产已超过亿元。她的传奇人生在于她由一名曾经遁入空门、卧于青灯古佛之旁、皈依释家的尼姑而涉足商界。也许正是这种独特的经历，才使她能从中国传统古典中寻找到契机；又是她那种"打破砂锅"、孜孜追求的精神才使她抓住了一次又一次的人生机遇。

1991年9月，金娜娇代表新街服装集团公司在上海举行了隆重的新闻发布会，在返往南昌的回程列车上，她获得了一条不可多得的信息。

在和同车厢乘客的闲聊中，金娜娇无意间得知清朝末年一位官员的夫人有一身衣裙，分别用白色和天蓝色真丝缝制，白色上衣绣了100条大小不同、形态各异的金龙，长裙上绣了100只色彩绚烂、展翅欲飞的凤凰，被称为"龙衣凤裙"。金娜娇听后欣喜若狂，一打听，得知官员夫人依然健在，那套龙衣凤裙仍珍藏在身边。虚心求教一番后，金娜娇得到了"官员夫人"的详细地址。

这个意外的消息对一般人而言，顶多不过是茶余饭后的谈资罢了，可是金娜娇注意到了其中的机遇。

金娜娇得到这条信息后心更亮了，她马上改变返程的主意，马不停蹄地

找到那位近百岁的官员夫人。作为时装专家，当金娜娇看到那套色泽艳丽、精工绣制的龙衣凤裙时，也被惊呆了。她敏锐地感觉到这种款式的服装大有潜力可挖。

于是，金娜娇来了个"海底捞月"，毫不犹豫地以5万元的高价买下这套稀世罕见的衣裙。机会抓到了一半，把机遇变为现实的关键在于开发出新式服装。

一到厂里，她立即选取上等丝绸面料，聘请苏绣、湘绣工人，在那套龙衣凤裙的款式上融进现代时装的风韵，功夫不负有心人，历时一年，设计师制成了当代的龙衣凤裙。

在广交会的时装展览会上，"龙衣凤裙"一炮打响，国内外客商潮水般涌来订货，订货额高达1亿元。

就这样，金娜娇从"海底"捞起一轮"月亮"，她成功了！从中国古典服装中开发出现代新型服装，最终把一个"道听途说"的消息变成了一个广阔的市场。

设计机遇，就是设计人生
——洛克菲勒

智慧悟语

每个人都希望受到机遇的眷顾，我们都很清楚，自己的人生也许只需要一个机遇，就有可能发生天翻地覆的变化。但是，有智慧的人和普通人对机遇的理解是不一样的。

普通人认为机遇是有形的，是贴着标签的，是任何人都能一眼看出来的价值连城的宝贝，是一种可遇而不可求的东西，它是属于某一个人的。所以，普通人总是坐在那里呼唤机遇，认为机遇一听到他的呼唤便会立刻跑过来帮他改变命运；而有智慧的人不同，他们不会在那里坐等机遇，而是主动地去设计机遇、创造机遇。

点亮人生

芳慧的家庭背景非常好，她的母亲是一所著名大学的教授，父亲是一家三甲医院有名的整形外科医生。芳慧的理想是做一名优秀的节目主持人。家庭对她的帮助很大，她完全有机会实现自己的理想。她相信自己有从事这方面工作的才能，因为她感到在与他人相处的时候，大家都愿意和她交谈，对她说出自己内心的想法，这对于一个节目主持人来说是非常重要的。她时常对别人说："只要有人给我一次机会，让我上电视，我相信准能成功。"离开学校参加工作以后，芳慧等待了一年又一年，一直没有人给她提供一个上电视的机会。于是她变得焦急、苦闷，心情烦躁，她不断地乞求上天能赐给她一次机遇。可是，机遇始终没有光临。

而另一个女孩庆莉的情况和芳慧的完全不同。庆莉的家庭条件很差，父母都是很普通的人，庆莉读书也没有固定的经济来源，她只能靠打工自己养活自己。她和芳慧唯一的共同点就是拥有相同的理想，庆莉也很想成为一个节目主持人。大学毕业以后，庆莉为了找到一份主持人或主播的工作，跑了全国许多家广播电台和电视台，但是，所有的答案都令她失望："我们只雇佣有工作经验的人。"怎样才能获得工作经验呢？她开始为自己创造机遇。一连几个月，她都仔细浏览关于广播电视的各种杂志，她还托人打探各种可能的工作机会。终于有一天，她在报缝中发现了一个令她激动不已的广告：黑龙江省有一家很小的电视台，正在招聘一名天气预报员。黑龙江那边经常下雪，而庆莉是很不喜欢雪的。可是，她已经顾不了那么多了，她急切地需要到那里去。只要能和电视沾上边儿，让我干什么都行。在黑龙江那个电视台工作了两年以后，庆莉积累了丰富的工作经验。当她再次到那家心仪的电视台应聘的时候，几乎是轻而易举就找到了一个职位。又过了几年，庆莉得到提升，成为著名的电视节目主持人。

从庆莉和芳慧身上，我们可以清晰地看到智者和愚者不同的生活轨迹。庆莉不断地实践，不断地积累经验，为自己创造一切可能成功的机遇。芳慧却一直停留在幻想中，坐等机遇，期望天上掉下个大馅饼，然而，时光飞逝，她什么也没做成。和庆莉相比，芳慧显然是生活中的弱者。

PART 05
严于律己，
专一做事

不以规矩，不能成方圆
——孟子

智慧悟语

歌德说："一个人只要宣称自己是自由的，就会同时感到他是受限制的。如果你敢于宣称自己是受限制的，你就会感到自己是自由的。"所以，持戒也是一种自由。当人们能清楚地知道自己该做什么、能做什么，那么人们所能发挥的空间会往往超乎想象，最后所能成就的事业也就绝不简单。一个人如果放任自己做一些违背社会游戏规则的事情，那么他就会在这场游戏中被淘汰掉，那么他又能如何自由自在呢？所以说约束与自由具有相对性和复杂性。

点亮人生

有这样一则寓言：

车轮对方向盘气愤地说："为什么你总是限制我的自由，你凭什么控制我的方向。"方向盘微笑地说："我若不限制你的自由，你横冲直撞早晚会跌到深渊中去。"

从这个寓言我们不难看出，生活中的约束和自由并非绝对的，而是相对的。人们有了戒律才会有自由，因为自由存在的前提是对人的束缚，如果世界上没有各种各样的法律法规，那么，人的自由就无从谈起；如果没有自由，那么对人的约束也就失去了它本身具有的意义和作用。所以，自由和约束看似矛盾，却又是和谐统一的。

我们的人生也是如此，汽车不能离开方向盘的限制，就像人们不能离开戒律和规矩的限制一样。而在方向盘限制的范围内，汽车却可以自由地驰骋，就像人们在社会法律与道德的范围内，可以自由地寻找自己的梦想。人和社会的关系就是汽车和方向盘的关系，不管怎么说，人都是社会性的动物，是离不开社会约束的。虽然生活中很多人都崇尚自由，反对约束，但是这个世界上不可能存在绝对自由的。

持戒是对自己负责的表现。一个懂得持戒的人更加明白自己肩上的责任。而承担责任是每个人必备的素质之一。人们需要面临的责任是众多的，最为重要的就是要对自己负责。只有对自己负责，使自己有一颗持戒心，才有可能负起其他的责任来。

致虚极，守静笃

——老子

智慧悟语

道家时常用到"清"与"虚"两个字，"清"形容境界，"虚"象征境界的空灵，二者异曲同工。"致"是做到、达到的意思，"致虚极"，是要空到极点。"守静笃"讲的是功夫、作用，要专一坚持地守住。

南怀瑾用禅宗黄龙禅师的几句形容词来解读了这句话，即"如灵猫捕鼠，目睛不瞬，四足据地，诸根顺向，首尾直立，拟无不中"。是何解呢？讲的是一只精灵异常的猫等着要抓老鼠，四只脚蹲在地上，头端正，尾巴直竖起来，两只锐利的眼珠直盯即将到手的猎物，聚精会神，动也不动，随时伺机一跃，给予致命的一击。这个形容告诉我们，做事时必须精神集中，心无旁骛，方能成功。

古人云，宁静以致远，淡泊以明志。但真正做到的人很少，这主要是因为人们往往把"守静笃"想得太深奥，以至于不敢以自己凡人之身以试之。其实，"守静笃"的重点在于专注，只要你能全心全意地做一件事情，就已经在运用"守静笃"的功夫了。

点亮人生

孔子带领学生去楚国采风。他们一行从树林中走出来，看见一位驼背翁正在捕蝉。他拿着竹竿捕树上的蝉，就像在地上拾取东西一样自如。

"老先生捕蝉的技术真高超，"孔子恭敬地对老翁表示称赞后问，"您对捕蝉想必是有什么妙法吧？"

"方法肯定是有的，我练捕蝉五六个月后，在竿上垒放两粒粘丸而不掉下，蝉便很少逃脱；如垒三粒粘丸仍不落地，蝉十有八九会捕住；如能将五粒粘丸垒在竹竿上，捕蝉就会像在地上拾东西一样简单容易了。"

捕蝉翁说到此处，捋捋胡须，开始向孔子的学生们传授经验。他说："捕蝉首先要先练站功和臂力。捕蝉时身体定在那里，要像竖立的树桩那样纹丝不动；竹竿从胳膊上伸出去，要像控制树枝一样不颤抖。另外，注意力高度集中，无论天大地广，万物繁多，在我心里只有蝉的翅膀，专心致志，神情专一。精神到了这番境界，捕起蝉来，还能不手到擒来、得心应手吗？"

大家听完驼背老人捕蝉的经验之谈，无不感慨万分。孔子对身边的弟子深有感触地说："神情专注，专心致志，才能出神入化、得心应手。捕蝉老翁讲的可是做人办事的大道理啊！"

驼背翁捕蝉的故事向我们昭示了一个真理：摒弃浮躁心态，专心致志，心无旁骛，才能又快又好地达到目标。

PART 06
用智慧的
心看待成败

天才是百分之九十九的汗水加百分之一的灵感

——爱迪生

智慧悟语

俗话说得好："宝剑锋从磨砺出，梅花香自苦寒来。"在日本经营之圣稻盛和夫"六项精进"理论之中，第一项就是说："付出不亚于任何人的努力。"这意味着稻盛和夫这样的成功者是将付出放在成功必备条件的首位，由此可见付出的重要性。

然而，生活中许多人都沉迷于现状，满足于微薄的收获，没有努力的心念，不思进取地生活和工作着。看到别人取得的成绩，心里有多少妒忌，只有期望的眼神，没有行动的举止。但在这个世界上没人愿意做"赔本的买卖"，即便是老天爷，也不愿意在你没有付出的情况下给予你幸福荣耀的人生。

付出就会有回报，这是中国人传统教育人的经典；再加上改革开放后形成的'爱拼才会赢'的现代经典语言，激励了很多人为梦想而奋斗。付出不亚于任何人的努力，显赫的成绩就会等着你。

点亮人生

王安石的《伤仲永》就讲述了一个不思进取的故事。

北宋末年，江西金溪世代务农的方家出了一个叫方仲永的神童。方仲永五岁之前，都不认识笔、墨、纸、砚是什么东西，却在5岁那年的一天，突然哭着向家人索要笔、墨、纸、砚。

父亲对此感到惊异，从邻近人家借来给他，方仲永当即写了四句诗，并且题上自己的名字。这首诗以赡养父母、团结同宗族的人为内容，传送给全乡的秀才观赏。从此，人们指定物品让他作诗，方仲永总是能立即写好，诗的文采和道理都有值得看的地方。同县的人对他感到惊奇，渐渐地把他的父亲当作宾客一样招待，有的人还花钱求仲永题诗。

方父认为这样有利可图，每天拉着仲永四处拜访同县的人，不让他学习，渐渐荒废了方仲永的才能。因此，到了方仲永十二三岁的时候，他所做的诗已大不如前，十分普通了，到了他20岁左右时，他也完全写不出有文采的诗词来，完全变成一个普通的农人了。

由方仲永的故事我们可以领悟出一个道理：一个天才，如果不懂得付出努力，天才也将变庸才。无论一个人的资质是多么优秀，要想获得成功，他都必须付出努力。先天的聪慧秉性并不是我们获得成功的必然保证。

破茧成蝶，不经历风雨怎见明天的彩虹。

一个尝试错误的人生，不但比无所事事的人生更荣耀，并且更有意义

——萧伯纳

智慧悟语

《阅微草堂笔记》有这样一个故事：有一个棋迷，有时赢，有时输。一天他遇到神仙，便问下棋有无必赢之法。神仙说是没有必赢之法，却有必不输之法。棋迷觉得能有必不输之法，倒也不错，便请教此法。神仙回答说："不下棋，就必不输。"

哲学家冯友兰由此得出的结论是：一切事情都是可以成功，可以失败，怕失败就不要做。一个人成功的关键，不在于躲避失败，而在于勇于尝试。只有在不断的尝试中，你才能一步一步地走近成功；只有通过艰难的尝试，你才会看到事情的结果。如果因担心失败而放弃了尝试的机会，也就意味着同时放弃了成功的可能，其实成功和人生一样，就是一场冒险。

点亮人生

杰克住在波士顿的一个小镇上，他一直向往着大海。一个偶然的机会，他来到了海边，那里正笼罩着雾，天气寒冷。他想：这就是我向往已久的大海吗？他的希望和失望落差很大，他想：我再也不喜欢海了。幸亏我没有去当一名水手，如果是一名水手，那真是太危险了。

在海岸上，他遇见一个水手，他们交谈起来。

"海并不是经常这样寒冷又有雾，有时，海是明亮而美丽的。但在任何天气，我都爱海。"水手说。

"当一个水手不是很危险吗？"杰克问。

"当一个人热爱他的工作时，他不会想到什么危险。我们家里的每一个人都爱海。"水手说。

"你的父亲现在何处呢？"杰克问。

"他死在海里。"

"你的祖父呢？"

"死在大西洋里。"

"你的哥哥呢？"

"他在印度的一条河里游泳时，被一条鳄鱼吞食了。"

"既然如此，"杰克说，"如果我是你，我就永远也不到海里去。"

水手问道："你愿意告诉我你父亲死在哪儿吗？"

"死在床上。"

"你的祖父呢？"

"也死在床上。"

"这样说来，如果我是你，"水手说，"我就永远也不到床上去。"

　　水手和他的家人都是勇敢的，他们渴望成功，也愿意为了成功而去冒险，明知有失败的存在，仍然肯去尝试，这与冯友兰先生的人生准则不谋而合。其实，人生需要的便是这种精神与魄力。人生中不可能没有失败，而为了躲避失败，就止步不前，就像神仙劝诫的"不下棋，就不必输"，成功就会成为永远无法实现的幻想。

成功=艰苦劳动+正确的方法+少说空话

——爱因斯坦

智慧悟语

　　言出必行，不高谈阔论，是一个人进行道德品质修养的重要内容。少说些漂亮话，多做些实际事，应成为恪守的生活准则。伊朗谚语云："如果空喊能造出一所房子，驴子也能修一条街了。"这对于那些只知道夸夸其谈而不干实事的人是一个莫大的讽刺。

　　天下最可悲的一句话就是："我当时真应该那么做，却没有那么做。"每天都能听见有人说："如果我当时就开始做那笔生意，早就发财了！""我早就料到了，我好后悔当时没有做。"只可惜，天下没有卖后悔药的。因此，有了创意，就不要再光说空话，而要尽快付诸行动，做实事才好。

点亮人生

有一个很落魄的青年人，每隔三两天就到教堂祈祷，而他的祷告词几乎每次都相同。

第一次，他来到教堂跪在圣坛前，虔诚地低语："上帝啊，请念在我多年敬畏您的分上，让我中一次彩票吧！"

几天后，他又垂头丧气地回到教堂，同样跪着祈祷："上帝啊，为何不让我中彩票呢？请您让我中一次彩票吧！"

又过了几天，他再次去教堂，同样重复他的祈祷。如此周而复始，不间断地祈求着，直到最后一次，他跪着说："我的上帝，为何您听不到我的祈求？让我中次彩票吧！只要一次就够了……"

就在这时，圣坛上突然发出了一个洪亮的声音："我一直在垂听你的祷告，可是，最起码你也应该先去买一张彩票啊！"

看过这个故事之后，人们除了一笑外更应引起反思。正如有句话说得好："一百次心动不如一次行动！"因为行动是一个敢于改变自我、拯救自我的标志。通向胜利之路要务实，不要坐而论道。

著名科学家爱因斯坦同一位爱讲空话的青年有一段有趣而又深刻的谈话。那位爱说空话、不肯用功的青年，整天缠着爱因斯坦，要他说出什么是成功的"秘诀"。爱因斯坦给他写下了这样一个公式：A=X+Y+Z。爱因斯坦解释说："A代表成功，X代表艰苦劳动，Y代表正确的方法……"

"Z代表什么呢？"那位青年人迫不及待地问。

"代表少说空话！"爱因斯坦回答说。

第十一篇

揭开财富的面纱

PART 01
心中的财富
是真财富

富与贵，是人之所欲也，不以其道，得之不处也

——《论语》

智慧悟语

金钱的魅力确实不容忽视，但是我们不能只看到孔子说的"富与贵，是人之所欲也"这句话，而忽略后面的部分。他还说如果不是通过正当的手段得来的财富与地位，那宁愿不要。这和孔子所说的"不义而富贵，于我如浮云"一个道理。与之相反的是贫贱，没有人喜欢贫贱，就算是一个很有仁义修养的人也不喜欢贫贱，当然这并不是说他不能安贫乐道。富与贵，每个人都喜欢，都希望有富贵功名，有前途，做事得意，有好的职位，但如果不是正规得来的则不要。相反的，贫与贱，是人人讨厌的，即使一个有仁道修养的人，对贫贱仍旧是不喜欢的。可是要以得当的方法上进，慢慢脱离贫贱，而不应该走歪路。

点亮人生

人们经常在"富贵"的诱惑中迷失自我，忘记应坚守的"义"，忘记应持守的"品"，忘记自己独立的精神人格，一步步滑向"不义"的深渊。

正如杜甫诗中所写："丹青不知老将尽，富贵于我如浮云。"曹霸爱绘

画竟不知老年将至，看待富贵荣华有如浮云一样淡薄。幸福与富贵无关，不生病，不缺钱，做自己爱做的事，就是生活的幸福。

美国曾在1980年通过了《新难民法案》，使得居住在纽约水牛城收容所的500名难民成了美国的合法公民。这些人大多是来自贫困国家的偷渡者，希望来美国实现自己的幸福梦。

新法案颁布25周年时，这些新法案的受益者们搞了一次集会，他们承认自从成了美国公民以后，生活有了空前改善，但是，幸福的梦想远远没有实现。

一位社会学教授闻知此事，便展开了调查。首先他对那批难民的身份进行了一次全面的核实，发现这500人有一些共同点，即贫穷艰苦的经历和对金钱强烈的渴望。这批偷渡者由于都有着强烈的发财梦，来美后，经过二十余年拼搏，有将近一半的人，靠冒险和吃苦的精神达到了美国中产阶级的水平。

那么，为什么他们没有找到梦寐以求的幸福呢？

为了找出根源，教授对他们一一进行调查。下面是他对其中的3位所做的调查记录：

某水产商，初来美国时，在迈阿密的水产一条街做黄鱼生意，现已由原来的一间店铺，发展为连锁店。20年来，为挤垮竞争对手，未休息过一天，更未出外度过一天假。

某房产开发商，1995年之前，在12个市镇拥有房产开发权，因逃税被判一年六个月监禁，剥夺开发权，罚款7300万美元，现从事涂料进出口业务。

某中介商，来美国后一直从事海地、多米尼加、波多黎各等国的劳务输出工作，通过他，本家族60%的人在美国打工或暂住，现和他一起居住的亲属有十几人。

教授的调查报告历数了每个人的生活状态，这份报告被交到美国国务院之后，迅速被移交到移民部。没过多久，原纽约水牛城收容所的500名难民每人收到一个小册子，小册子的封面上写着：一个穷人成为富人之后，如果不及时修正贫穷时所养成的贪婪，就别指望能跨入幸福的境界。

2005年的某天，美国《加勒比海报》报道，有一位来自加勒比海地区的富翁卖掉公司，打算去过简朴的生活。第二天，教授收到美国移民局的一封信：这批难民中已有一人找到了富裕后的幸福。

欲淡则心虚，心虚则气清，气清则理明

——薛宣

智慧悟语

在这个世界上，月有阴晴圆缺，人有悲欢离合、喜怒哀乐，在乎的只是一种心境。有人日挥万金、有人乞讨街头、有人占厦万间、有人追逐名利、有人悲喜从容，不同的人有不同的人生，你的人生只是听从于你的内心。

如果你偏要追逐那些虚妄的名利，那么你就只能得到关于名利的一切担忧、纷扰、喧嚣、倾轧等；而如果在你的心中、在你的世界里没有过重地对待"名利"这个概念，以一种淡然从容的态度来对待名利，那么你也就得到了淡看名利的快乐、豁达，得到了人生的真谛。

点亮人生

惠子在梁国做了宰相，庄子想去见见这位好友。有人急忙报告惠子："庄子来是想取代您的相位吧。"惠子很恐慌，想阻止庄子，派人在城里搜了三日三夜。不料庄子从容而来拜见他道："南方有只鸟，其名为凤凰，您可听说过？这凤凰展翅而起，从南方飞向北海，非梧桐不栖，非练实不食，非礼泉不饮。这时，有只猫头鹰正津津有味地吃着一只腐烂的老鼠，恰好凤凰从头顶飞过。猫头鹰急忙护住腐鼠，并发出声音吓唬凤凰。"惠子不解，询问庄子所讲故事含意。庄子反问道："现在您也想用您的梁国宰相之位来吓唬我吗？"惠子十分羞愧。

　　一天，庄子正在濮水垂钓。楚王委派两位使者前来聘请他，使者说："吾王久闻先生贤名，欲以国事相累。"庄子持竿不顾，淡然说道："我听说楚国有只神龟，被杀死时已三千岁了。楚王以竹箱珍藏之，覆之以锦缎，供奉在庙堂之上。请问二位，此龟是宁愿死后留骨而贵，还是宁愿生时在泥水中潜行摇尾呢？"两位大夫道："自然愿活着在泥水中摇尾而行了。"庄子说："两位大夫请回去吧！我也愿在泥水中摇尾而行哩。"

　　在庄子的世界里，根本就没有想要做"丞相"的想法，也没有任何名利的概念，而他的好友惠子则完全相反，心中充满了对丞相一职、对名利的贪恋、担忧和欲望。庄子不慕名利，不恋权势，为自由而活，可谓洞悉人生真谛的达人。

　　人活在世界上，无论贫穷富贵，穷达逆顺，都免不了与名利打交道。《清代皇帝秘史》记述乾隆皇帝下江南时，来到江苏镇江的金山寺，看到山脚下大江东去，百舸争流，不禁兴致大发，随口问一个老和尚："你在这里住了几十年，可知道每天来来往往多少艘船？"老和尚回答说："我只看到两艘船。一艘为名，一艘为利。"

　　旷世巨作《飘》的作者玛格丽特·米歇尔说过："直到你失去了名誉以后，你才会知道这玩意儿有多累赘，才会知道真正的自由是什么。"盛名之下，是一颗活得很累的心，因为它只是在为别人而活。我们常羡慕那些名人的风光，可我们是否了解他们的苦衷？其实大家都一样，希望能活出自我，能活出自我的人生才更有意义。

物物而不物于物

——庄子

智慧悟语

　　"物物而不物于物"，利用物而不受制于物，那么怎么可能会受牵累呢？因此，做人要保持一颗平静的心，学会"物来而应，过去不留"，做物质的主人，而不要受制于物、成为物质的奴隶。

那么，如何面对这些物质呢？怎样克制自己的欲望不膨胀呢？佛家的观点是"从'不要'当中去拥有更宽广的精神境界"。庄子在《庄子》中也有这样的观点，他写道："至人之用心若镜，不将不迎，应而不藏，故能胜物而不伤。"即来去随缘，而不是执着地求取，贪念丛生。

点亮人生

一次，一位教授上课前手里拿着一只盛着牛奶的杯子。他举起杯子，让所有的学生都看到，然后对着学生问道："你们猜猜看，这只杯子的重量是多少？"

"50克！""100克！""125克！"……学生们争先恐后地回答。这时，教授说："现在，我的问题是：如果我把它像这样举几分钟，会发生什么事情呢？"

"什么事情都不会发生。"学生们异口同声地回答。

"好吧。那么，举一个小时会发生什么事情呢？"教授继续问到。

"你的手臂会疼痛起来。"其中一个学生回答。

"你说得对。如果我把它举一天会怎么样呢？"教授微笑地看着各位同学。

"你的手臂会变得麻木，肌肉会严重拉伤和麻痹，最后你肯定得去医院。"另一个学生冒失地说。听到这俏皮的语言，所有的学生都笑了。

"很好。不过，在这期间水杯的重量发生改变了吗？"教授严肃起来，问道。

"没有呀。"大家一起回答。

"那么是什么使手臂疼痛、肌肉拉伤的呢？"教授停顿了一下又问道，"在我手臂开始疼痛之前，我应该做点儿什么呢？"

学生们迷惑了。

"把杯子放在桌子上呀！"有个学生说。

"对，"教授说道，"其实，生活中的问题有时就像我手里的这杯牛奶。我们埋在心里几分钟没有关系。如果长时间地想着它不放，它就可能侵蚀你的心力、思想和灵魂，最终让你变成它的奴隶。那时你就什么事也干不了了，只能做它的奴隶，完全听从于它的安排。

"生活中的问题固然要重视它，不能忽视，但不能总惦记着它。不然，不知不觉间它会把你压垮，等到压垮的那一天你后悔也晚了。

"同学们，拿起杯子的时候，我们是想要这杯牛奶，但是我们如果老是拿在手上，不肯放开，那我们就只能受制于它，成为它的奴隶。世间的其他物质也一样，不要总惦记着，在追求物质、追求财富的过程中，一定要懂得适度、懂得放松，千万不要成为物质的奴隶。"教授总结性的发言，引起同学们的阵阵掌声，大家从这一堂生动的课中领悟到了许多。

物质是人生所需要的，有的人为了不断追求物质财富，最后一辈子劳心劳力，省吃俭用，到头来都没有多长时间停下来好好去享受自己的劳动成果。要知道物质够用就好，不要为了积聚物质而为物质所用、所制。例如，有的人有了十万想要一百万，有了百万又想千万，有了两室一厅想要四室两厅，有了四室两厅又想要小别墅，一生都不停止，追求物质的欲望之心越来越膨胀，让自己一直都为物质而忙个不停。

现代社会，在某种程度上"物欲横流"这个词成为流行。物质崇拜或物质信仰，确实让一些人迷失了方向。对于物质，有些人真的是心甘情愿做它的奴隶，觉得人生没有物质生活难以继续下去，因此那些人做了衣、食、住、行等物质的奴隶。

PART 02
不义而富且贵，于我如浮云

金钱是人类所有发明中近似恶魔的一种发明

——马卡连柯

智慧悟语

　　钱，到底有什么魔力？为什么人们常说："钱不是万能的，但没有钱是万万不能的。"得到了金钱，就等于拥有幸福了吗？

　　在美国人安比尔斯编撰的《魔鬼辞典》中对金钱的诠释是："金钱是一种祝福，不过只有在离开它之后我们才能受益。金钱是有文化修养的标志，也是进入上流社会的通行证。"把实用主义奉为圭臬的美国微软公司对财富与金钱有着特殊的喜好，他们认为财富是上帝赐予的礼物。洛克菲勒说："这是我心爱的独生子，我非常喜欢他。"另一位美国大亨摩根则说："这是对辛劳与美德的奖赏。"人生在世，如何对待金钱，才能让我们赢取幸福和快乐呢？

点亮人生

　　伟大的戏剧家莎士比亚写过一部著名的悲剧《雅典的泰门》：雅典富有的贵族泰门慷慨好施，在他的周围聚集了一些阿谀奉承的"朋友"，无论穷人还是达官贵族都愿意成为他的随从和食客，以骗取他的钱财。泰门很快家产荡尽，负债累累。那些受惠于他的"朋友们"马上与他断绝了来往，债主们却无情地逼他还债。泰门发现同胞们的忘恩负义和贪婪后，变成了一个愤世者。

他宣布再举行一次宴会，请来了过去的常客和社会名流。这些人误以为泰门原来是装穷来考验他们的忠诚，蜂拥而至，虚情假意地向泰门表白自己。泰门揭开盖子，把盘子里的热水泼在客人的脸上和身上，把他们痛骂了一顿。从此，泰门离开了他再也不能忍受的城市，躲进荒凉的洞穴，以树根充饥，过起野兽般的生活。有一天他在挖树根时发现了一堆金子，他把金子发给过路的穷人、妓女和窃贼。在他看来，虚伪的"朋友"比窃贼更坏，他恶毒地诅咒人类和黄金，最后在绝望中孤独地死去。

在这部悲剧中，莎士比亚借泰门之口大发感慨：金子！黄黄的、发光的、宝贵的金子！

这东西，只这一点点，就可以使黑的变成白的，丑的变成美的；错的变成对的，卑贱变成尊贵；老人变成少年，懦夫变成勇士。呵，你是可爱的凶手，帝王逃不过你的掌握，亲生的父子会被你离间！你灿烂的奸夫，淫污了纯洁的婚床……

有这样一个故事：

一天，一个拥有无数钱财的吝啬鬼去寺庙乞求祝福。

住持让他站在窗前，让他看外面的街上，问他看到了什么，他说："人们。"

住持又把一面镜子放在他面前，问他看到了什么，他说：

"我自己。"

住持解释说，窗户和镜子都是玻璃做的，但镜子上镀了一层银子。单纯的玻璃让我们能看到别人，而镀上银子的玻璃都只能让我们看到自己。

可见，金钱的危险性一览无余。金钱的魅力可以转移人的眼光、灵魂。

说白了，钱就是货币，是一种充当一般等价物的特殊商品，它可以作为价值尺度、流通手段、储蓄手段、支付手段和世界货币等发挥作用，它可以用来购买其他任何商品。难怪有人说："有钱能使鬼推磨。"

正如哲学家史威夫特所说："金钱就是自由，但是大量的财富却是桎梏。"如果我们把金钱当作上帝，它便会像魔鬼一样折磨身心。

君子爱财，取之有道
——《胡雪岩全传》

智慧悟语

取有道之财，合法之才，人们方能光明磊落、坦坦荡荡、心地无私地活着。什么是如法？什么是非法呢？就是一般人以为从辛劳职业得来的财物，便是合法的，其他途径获得巨额钱财的就是非法的。

一个正直的人不会吝啬接受财富，但对不合法之财却从不沾惹。因为不合法之财会让自己受到欲望的牵制，最后受到精神和良心的折磨，落得一生不得自由的悲惨下场。这就像人说了一句谎话，说的时候不觉得，但说完后需要更多的谎话去填补这个窟窿，长此以往，让人苦不堪言。

用不正当的方法得到的财物，就不能接受；虽然说贫穷是人人所不希望的，但是如果不能用正当方法摆脱的，那就要安贫乐道。孔子关于义、利的看法即是君子得财要正当，如果一个君子扔掉了仁爱之心，那怎么能成就君子的名声？君子就应该时时刻刻都不离开仁道，在紧急的时候不离开，在颠沛的时候也不离开，这样才是一个真正的君子。

点亮人生

君子爱财，取之有道。这里的"道"讲的是规则，讲的是合法、有义之道。如果人一旦取了不义、不合法之财，那么他的行为无疑和封建官府勒索、与盗贼抢劫无异。这样的财，来得快去得也快。人们要想高枕无忧，夜里安然入睡，那么钱就得用自己的。聚敛钱财要讲究一定的方法，但是不能做违背良心和伤天害理的事情。

不义而富且贵，于我如浮云

——孔子

智慧悟语

人们在生活中应该如何看待和求取利益、财富呢？人们对于利益、财富的具体原则是什么？孔子如是说，吃粗粮喝凉水，睡觉时弯着胳膊当枕头，这里边也是有乐趣的。人们用不正当的方法得到的富足和尊贵，在我看来就如同是浮云一般。人们从孔子的话中不难找到问题的答案，即需合于"义"与"仁道"。如果人们不是由此而获财富，那么将被看作是不义之财，那么我们应该把这些财富当作是过眼烟云一般。孔子的话也同时表明了清贫生涯甘之如饴、安贫乐道的生活态度与襟怀。

孔子的思想与孟子"富贵不能淫，贫贱不能移，威武不能屈"的意志，都给了追求理想的人们以巨大的鼓舞。所以说现在人们追求理想境界而蔑视荣华富贵的都是参照"富贵于我如浮云"的这种宣言。生活中有的人蔑视荣华富贵，不是因为他们本能地厌恶舒适生活，而是他们不肯用理想和人格的代价去换取某种舒适的生活，这种人是值得人们去学习的。

现在的人们都开始主张安贫乐道的思想，当然，这并非代表鄙视财富。就连孔子也从未排斥过财富，可见，财富的本身并没有错，错的是人们追求财富的那颗心。当然，孔子也肯定追求财富是人的天性，他曾说过："富与贵，人之所欲也。"但他同时强调获取财富的正义性："不义而富且贵，于我如浮云。"所以说，人们需要把财富一分为二地看待，只有摆正良好的心态，让财富为我们所用，才能为自己创造美好的未来生活。

点亮人生

现实生活中常常有一些自认为很聪明的人，他们觉得不拿白不拿，不吃白不吃。于是社会上就充斥了这样的一种现象，人际关系一次用完，做生意一次赚足，然后就再也没有来往。理由很简单，他们选择了那张表面上看起来是大份额的钞票，也把这种关系一次耗尽，自然就没有下次了。正是这种贪婪地索取，使得他周围的人渐渐地疏远了他。虽然说人们可以追求财富，但千万不要沉迷其中，要学会控制自己的贪婪，不过分计较得失的多少，才会在自己的生活圈子中畅游无阻。

李勉从小喜欢读书，并且注意按照书上的要求去做。时间长了，就成了习惯，培养出了诚信儒雅的君子风度。

他虽然家境贫寒，但是从不贪取不义之财。

有一次，他出外学习，住在一家旅馆里。正好遇到一个准备进京赶考的书生，也住在那里。俩人一见如故，于是经常在一起谈论古今，讨论学问，成了好朋友。

有一天，这位书生突然生病，卧床不起。李勉连忙为他请来郎中，并且

按照郎中的吩咐帮他煎药，照看着他按时服药。一连好多天，李勉都细心照顾着病人的起居饮食等日常生活。可是，那位书生的病不但没有好转，反而一天天地恶化下去了。看着日渐虚弱的朋友，李勉非常着急，经常到附近的百姓家里寻找民间药方，并且常常一个人跑到山上去挖药店里买不到的草药。

一天傍晚，李勉挖药回来，看见书生气色似乎好了一些。他心中一阵欢喜，关切地凑到床前问："哥哥，感觉可好一些？"

书生说："我想，我剩下的时间不多了，这可能是回光返照，临终前兄弟还有一事相求。"

李勉连忙安慰道："哥哥别胡思乱想，今天你的气色不是好多了吗？只要静心休养，不久就会好的。哥哥不必客气，有事请讲。"

书生说："把我床下的小木箱拿出来，帮我打开。"

李勉按照吩咐做了。

书生指着里面一个包袱说："这些日子，多亏你无微不至的照顾。这是一百两银子，本是赶考用的盘缠，现在用不着了。我死后，麻烦你用部分银子替我筹办棺木，将我安葬，其余的都奉送给你，算我的一点心意，你千万要收下，不然的话兄弟我到九泉之下也不会安宁的。"

李勉为了使书生安心，只好答应收下银子。

第二天清晨，书生真的去世了。李勉遵照他的遗愿，买来棺木，精心为他料理后事。剩下的银子李勉一点也没有动用，而是仔细包好，悄悄地放在棺木下面。

不久，书生的家属接到李勉报丧的书信后赶到客栈。他们移出棺木后，发现了陪葬的银子。了解到银子的来历后，大家都被李勉的诚实守信不贪财的高尚品行所感动。

李嘉诚认为，财富不能单单用金钱来衡量。一个人只有内心富有，才能真正拥有财富。当人们满足了衣食住行这个条件之后，生活无忧之时就应该对社会多一点关怀，或者说尽一点义务和责任。如果能够对需要帮助的人发挥自己的长项，那么这就等于贡献你的内心财富。有人说，李嘉诚有两个事业。一个是拼命赚钱的事业，名下的企业业务遍布全球五十多个国家和地区，雇员人数二十多万名，这些每天都让他日进亿金；而另一个就是不断花钱的事业，他的投入也足以让他成为亚洲有史以来最伟大的公益慈善家。李嘉诚的这种与财富打交道的方式和态度就为人们做了一个很好的榜样。

在现实生活中，有不少人"富"而不"贵"。真正的"富贵"，是作为社会的一分子，以正当的手段，以一颗正义之心去追求财富，这才是真正值得我们学习和敬仰的。

何必曰利？亦有仁义而已矣

——孟子

智慧悟语

综观人的一生，人们都在围绕着"利"这个圆点，不停地做着圆周运动，追求的东西多了，这个圆就大一些，人也就跑得累一些；追求的东西少了，圆就小一些，自会轻松不少。

难怪有人叹道："天下熙熙，皆为利来；天下攘攘，皆为利往。"他这一叹，有对世人追逐现实名利的无奈，却也说明了人生以"利"为核心的道理。

点亮人生

人类文化思想包含了政治、经济、军事，乃至于人生的艺术、生活等，都是以求利为目的。如果不求有利，又何必去学？做学问也是为了求利，读书认字，不外是为了获得生活上的方便或是舒适。

孟子来见梁惠王，梁惠王问他："叟，不远千里而来，亦将有以利吾国乎？"意思是老头儿，你能为我们国家谋什么利益吗？

孟子听了之后，没有拍案而起、针锋相对，而是颇有风度、庄重地说："何必曰利？亦有仁义而已矣。"意思是说，大王您何必只图目前的利益？其实只有仁义才是永恒的大利。按照孟子的说法，仁义也是利，道德也是利，这些是广义的、长远的利，是大利。不是狭义的金钱财富的利，也不只是权利的利。

可见，人们追求有用或没用的东西都是利，只不过有大利、小利之别而已。但是正如孟子所言，如果仅仅是为了利而利，终将招来意外横祸。

利必须附着于义之上，方能够长久使得万年船，平安一生。

PART 03
真正的富有在于取和分的比例

良田万顷，日食几何？华厦千间，夜眠几尺

——谚语

智慧悟语

石崇生前万般积聚，富可敌国，但是到了最后，死无葬身之地，比起身居陋巷的颜回求法行道，不改其乐，究竟什么是真正的拥有呢？

有人说："赚钱易，用钱难。"

但真正的用钱，并非人们日常生活中购买油盐米醋的货钱交易，而是对于财富的一种深层次探讨：如何才能将手中的钱用得更有意义，更有价值？如果，现在给你五百万，让你在一天之内把它全部用掉，而且要最大限度地发挥它的价值，将它用得最有意义。你会怎么用？许多人顿时就会乱了手脚，不知该从何下手。

点亮人生

所谓"拥有，是富者；用有，才是智者。"所谓"拥有"，有是有限，有量；所谓"空无"，无是无穷，无尽。如能以"用有"的胸怀，来应真理；以"用有"的财富，顺应人间；让因缘有、共同有，来取代私有的狭隘；让惜福有，感恩有，来消除占有的偏执，富而加智，岂不善矣。

有一天，老和尚给小沙弥一个全新的木鱼，小沙弥很喜欢，就要求师父说："师父！这木鱼好漂亮，可不可以多给我一个？"

师父说："你要那么多木鱼做什么？"

小沙弥说："我觉得它很好看啊。"

师父："人的心不容易满足，填饱肚子，又想要求山珍美味。有了房子，还要求要高楼大厦，有了千金，还要万金，就算有一大片的土地，又能吃多少五谷？有那么大的房子，到了晚上，又能睡多大的地方呢？"

小沙弥："嗯！我懂了！东西够用就好，不能太贪心。"

师父："是的！拥有太多的东西，舍不得用，和没有有什么差别呢？拥有财富而不懂得善用，和无用又有什么不同呢？所以拥有财富只是富贵的人，懂得善用财富的，才是有智能的人呐！"

拥有财物而不用，和"没有"有什么差别呢？拥有财物而不会用，和"无用"有什么不同呢？河水要流动，才能涓涓不绝；空气要流动，才能生机盎然。吾人之财物既然取之于大众，必用之于大众，才合乎自然之道。一心想要"拥有"，不如提倡"用有"。像冯谖散财于民，让孟尝君拥有人心，只算是懂得"用有"的初步，更高一层应如爱迪生将发明创造所得的专利用于为

众生谋福；松下幸之助将企业所有盈余用于教育文化上，让社会蒙利。这是"用有"，不是"拥有"。

人们之所以看不起那些暴发户，是因为他们往往在突然变得有钱后，并不懂得如何用钱。他们不是用那些钱来实现奢靡的个人享受，就是盲目地跟着别人学习"投资"，让钱白白流了出去，也让他们重新回到原来贫困的生活中去了。

要把所赚到的每一笔钱都花得很有价值，不浪费一分钱

——比尔·盖茨

智慧悟语

提起全球富有的人，第一念头就是世界软件巨头微软的创始人比尔·盖茨。

因为在意"每一分钱"，盖茨夫妇生活很俭朴，唯一的"豪宅"内陈设相当简单，并不是常人想象的富丽堂皇。但是，在过去几年间，盖茨却把他的大量个人财富捐献给了慈善事业。据统计，盖茨至今已为世界各地的慈善事业捐出近290亿美元的财富，成为世界上最慷慨的富人之一。一边是对自己苛刻，一边是对他人慷慨，如此巨大的反差让人疑惑。

"挣钱犹如针挑土，花钱好比水推沙。"即便一个人拥有万贯家财，如果他不懂得节俭，而是大手大脚地花钱，很快，他就会从一个富翁变成一个穷光蛋。

点亮人生

如果说比尔·盖茨的苛刻和慷慨正是在意"每一分钱"的表现，他善待他的每一分钱，努力让它们花得有价值。其实，许多声名显赫的富豪都有在意"每一分钱"的习惯。

迈克是纽约一家小报的普通记者。一个周末，他在一家不大的酒店里看见几位身份显赫的企业家从一个房间里走出，其中一位是福特，福特手里拿着

一张账单走向服务生，微笑道："小伙子，你看看是不是有一点儿误差。"

服务生很自信地回答："没有啊。"

"你再仔细算一算。"福特宴请的几位企业家已朝门口走去，他却很有耐心地站在柜台前。

看着福特认真的样子，服务生不以为然道："是的，因为零钱准备得很少，我多收了您50美分，但我认为像您这样富有的人是不会在意的。"

"恰恰相反，我非常在意。"福特坚决地纠正道。

服务生只得四处拼凑了50美分，递到一脸坦然的福特手中。

看看福特快步离去的背影，年轻的服务生低声嘀咕道："真是小气，连50美分也这么看重。"

"不，小伙子，你说错了。他绝对是一个慷慨的人，"目睹了刚才那幕情景的迈克，抑制不住站起来道，"他最近向慈善机构一次就捐出5000万美元的善款。"迈克拿出一份两周前的报纸，将上面的一则报道指给服务生看。

服务生不明白如此大方的福特，为何还要当着那么多朋友的面，去讨较那区区的50美分。

"他懂得认真地对待属于自己的每一分钱，懂得取回属于自己的50美分和慷慨捐赠出5000万美元，是同样值得重视的。"就在福特这一看似不经意的小事中，迈克忽然领悟到了自己渴望已久的成功经验，那就是——没有理由不认真地对待眼前的每一件事，无论它多么重大还是多么微小。

后来，经过多年艰苦的打拼，迈克成为美国报界的名家，而那位服务生也成了芝加哥一家五星级酒店的老板。

一旦富裕就大肆挥霍，这是没有修养的暴发户；但若是在拥有财富后却不为社会做出一点贡献，这又是自私、冷漠的为富不仁者。如何拿捏这个分寸全靠个人修养和内涵。

一个人真正的富裕是奉献回报社会后的精神和道义上的高尚和富足，而非仅仅是物质上的富有。一个富豪真正树立形象体现在通过自身努力奋斗、创造财富，来更好地回报社会。而非在生活和家事上舍得大把花钱，以显得与众人相比有多么高档和不同凡响。

发财致富的目的在于散财
——安德鲁·卡内基

智慧悟语

人，从出生到死亡，不过是"赤条条来去无牵挂"。在生命的过程中，如果只想着做一个守财奴，那么赚再多的钱也没有任何意义，它只是暂时聚集在你这里的一堆数字，死后不知又成了谁的枷锁。不如舍去，换取世人更多的温暖。那些用了的钱财，才是你自己的。

古希腊称霸天下，征服大半个天下的亚历山大大帝死的时候，在棺材两侧各挖一个洞，将手伸出来，表明他也是两手空空走向死亡的。

所以，人们在活着的时候对名利和财富牵挂异常，到死都不肯放手，但事实上死后的名利钱财也将不再属于自己。那么活着的时候吝啬物质上的付出又有什么意义呢？在这里并不是告诉人们，在活着的时候不去享受物质，非要把千金散尽，而是人们对待财物的态度要自然一些，不要太吝啬。

金钱和财富虽然美好，常令人们对其趋之若鹜，不遗余力地追求。不过，金钱不是万能，财富也未必总能令人快乐，只有超越其存在，才能享受人生。真正的金钱观，是要对金钱等物质上的东西喜于接受，也喜于付出。

点亮人生

吝啬、贪婪的人应该知道喜舍结缘是发财顺利的原因，因为不播种就不会有收成。布施的人应该在不自苦、不自恼的情形下去做，同时也别忘了是在自己力所能及的情况下帮助别人，否则，就不是纯粹的施舍。

我赚了钱养猪！

我养猪赚了钱！

有位信徒对默仙禅师说："我的妻子贪婪而且吝啬，对于做好事行善，连一点儿钱财也不舍得，你能到我家里来向我太太说法，行些善事吗？"

默仙禅师是个痛快人，听完信徒的话，非常高兴地答应下来。

当默仙禅师到那位信徒的家里时，信徒的妻子出来迎接，可是却连一杯水都舍不得端出来给禅师喝。于是，禅师握着一个拳头说："夫人，你看我的手天天都是这样，你觉得怎么样呢？"

信徒的夫人说："如果手天天这个样子，这是有毛病，畸形啊！"

默仙禅师说："对，这样子是畸形。"

接着，默仙禅师把手伸展开，并问："假如天天这个样子呢？"

信徒夫人说："这样子也是畸形啊！"

默仙禅师趁机说："不错，这都是畸形，钱只能贪取，不知道布施，是畸形；钱只知道花，不知道储蓄，也是畸形。钱要流通，要能进能出，要量入而出。"

握着拳头暗示过于吝啬，张开手掌则暗示过于慷慨，信徒的太太在默仙禅师的一个比喻之下，对做人处世、经济观念、用财之道，豁然领悟了。

握着拳头，你只能得到掌中的世界，伸开手掌，你才能得到整个天空。

在现代社会，许多有钱人都乐善好施，对金钱可以慷慨抛掷。他们认为，钱财并不总是给他们快乐，而散财、做慈善事业，反而让他们找回了幸福感。这是一种正确的金钱观和布施方式。

朱利叶斯·罗森沃尔德将惨淡经营的西尔斯·罗巴克公司从破产的边缘挽救过来，现在已将其发展成零售业巨人。如今，他正负责发展和改进乡村代理人体系及四健会（原美国农业部提出的口号，旨在推进对农村青少年的农牧业、家政等现代科学技术教育）。他的奋斗目标是实现美国乡村地区的繁荣和教育现代化。

对于普通的人来讲，虽然没有大笔的财富，但也不必要为了金钱而变得锱铢必较。钱财是为了让自己的日子越过越好，而不是让自己变得越来越提心吊胆，或者终日汲汲而求。在这个世界上，只有被自己用出去的钱财才是自己的，那些被我们牢牢攥在掌心的财富不去被运用，到最后不可能永远为我们所拥有。

金钱，要能接受，也要能喜舍，用去的钱财才是自己的，不用，再多的钱财到最后还不知是谁的。

第十二篇

友情是调味品，也是止痛药

PART 01
冲破孤芳自赏的围墙

嘤其鸣矣，求其友声
——《诗经》

智慧悟语

"伐木丁丁，鸟鸣嘤嘤。出自幽谷，迁于乔木。嘤其鸣矣，求其友声。相彼鸟矣，犹求友声。矧伊人矣，不求友生？神之听之，终和且平。"这是《诗经·小雅》中的一首与交友有关的诗歌，如若把它翻译成白话，便是如此：伐木的斧声丁丁，鸟儿的叫声嘤嘤。它们从深谷出来，迁徙于高树之中。黄莺啼叫，求它的友声。瞧那些鸟呀，都在寻求友声。况且是人呢，难道不寻求朋友？就是让神听了，也会感受到内心的平和吧！

吟咏此诗，难免会受其感染。这首小诗以伐木闻鸟，鸟鸣求友来比喻人们对友情的渴望，声情并茂之处，自然摇人心旌。古人对于求友，非常重视，对于友情的维系，也自有一套章法。

以古人晏子为例，晏子本身不是一个轻易与人结交的人，但是如果他交了一个朋友，就会全始全终。连国学大师南怀瑾先生也对晏子的交友之道心存敬意，因为现代社会里每个人都有朋友，但能够全始全终的却非常少，新朋友不断增加的同时伴随着老朋友的不断流失，正所谓："相识满天下，知心能几人？"

　　我们常常犯这样的错误：与朋友越是熟悉，就会越是放纵自己的言行，反而对朋友的要求更加苛刻，这种矛盾的心理往往就成为朋友间发生嫌隙的祸根。人们心情不好时，总爱对亲密的人发脾气，而一旦不注意交往的细节，言谈举止过于随便，就常常口不择言，伤害到彼此的感情。然而，晏子却能够对朋友全始全终，这是因为他用"久而敬之"四个字维系着每份友情。

　　诚心，可以帮人交到真朋友，但是不加维持，真正的朋友也会离开。这时候我们必须认识到一点：与朋友交往时，尤其是当发生矛盾时，要首先在自己身上找原因，而不能强求对方。

点亮人生

　　古代先贤有言："其身正，不令而行；其身不正，虽令不从。"也就是说要正人，先正己，自己以身作则才能约束他人。就像好的领导是下属的榜样，如果我们希望朋友给自己以尊重和重视，首先自己要用正确的态度维系友情。要求别人做的，自己首先要做到；禁止别人做的，自己坚决不做。又像我们必须去适应不能改变的生活一样，假如你十分珍惜一段友情，而不能要求朋友按照自己的思路行事时，就要调整自己。或许有人会觉得放不下面子，那么不妨读一下下面的故事：

　　一个烦恼的年轻人找到一位智者倾诉心事，说："我心里有很多放不下的人和事，所以感到苦恼。"

　　智者让他拿着一个茶杯，然后就往里面倒热水，一直倒到水溢出来。

　　年轻人被烫到了马上松开了手。

　　智者说："这个世界上没有什么事是放不下的，痛了，你自然就会放下。"

　　人生没有什么事是放不下的，更何况一些无关痛痒的琐事。所以，放下那些不断比较着付出与收获的心结，以持久的理解与敬意维系友情，或许会生活得更加愉快。

所谓"久而敬之"，一方面是指友情的长久，表现在生活细节中，就要常与朋友联系，哪怕是一条祝福的短信，或者是一张朴素的明信片，一封简短的电子邮件，都能够为你的友情增添色彩。这时候，不要总是期待对方先来联系自己，因为你无法左右朋友的时间，却能在自己的日程表中为保鲜友情调出档期。

另一方面，久而敬之，光久不敬，也是枉然。许多人常常认为挚友之间无须讲究礼仪，因为好朋友彼此之间熟悉了解，亲密信赖，如亲兄弟，财物不分，有福共享，讲究礼仪拘束便显得亲疏不分，十分见外了。其实，朋友关系的存续是以相互尊重为前提的，容不得半点强求、干涉和控制。彼此之间，情趣相投、脾气对味则合、则交，反之，则离、则绝。

若有人在言语间刺伤了你，你愤而离开，可只是人的离开，心却没有离开，你只是在生气，在情绪上做文章——这是对生命的浪费，而且是很坏的浪费。毕竟，生气也是要花力气的，而且生气一定会伤元气。所以，聪明的你，别让情绪控制了你，当你又要生气之前，不妨轻声地提醒自己一句："别浪费了。"

君子周而不比，小人比而不周
——孔子

智慧悟语

君子与小人的分别在何处呢？周是包罗万象，一个圆满的圆圈，各处都统一，一个君子的为人处世，就应该对每一个人都是一样；经常将别人与自己作比较，看他顺眼就对他好，不顺眼就反感他，就是"比"。要人完全跟自己一样，就容易流于偏私。比而不周，只做到跟自己要好的人做朋友，什么事都以"我"为中心、为标准，不是真正的君子所为。

现代社会，交友当然得精挑细选注意质量，但是不得不说，与一般朋友还有些不一样的人脉也是很重要的资源，我们不应该以艺废人，而应该去刻意培植。

君子周而不比，我们应该平等地宽容每个人。俗话说"黑白通吃"，其实这就是本事。各路诸侯一齐来，我都能容得下你，这才是君子所为。

点亮人生

查尔斯·华特尔，属于纽约市一家大银行，奉命写一篇有关某公司的机密报告。他知道某一个人拥有他非常需要的资料。于是，华特尔先生去见那个人，他是一家大工业公司的董事长。当华特尔先生被迎进董事长的办公室时，一个年轻的妇人从门边探出头来，告诉董事长，她这天没有什么邮票可给他。"我在为我那12岁的儿子搜集邮票。"董事长对华特尔解释。

华特尔先生说明他的来意，开始提出问题。董事长的说法含糊、概括、模棱两可。他不想把心里的话说出来，无论怎样好言相劝都没有效果。这次见面的时间很短，没有实际效果。"坦白说，我当时不知道怎么办，"华特尔先生说，"接着，我想起他的秘书对他说的话——邮票，12岁的儿子……我也想起我们银行的国外部门搜集邮票的事——从来自世界各地的信件上取下来的邮票。"

第二天早上，我再去找他，传话进去，我有一些邮票要送给他的孩子。结果，他满脸带着笑意，客气得很。"我的乔治将会喜欢这些，"他不停地说，一面抚弄着那些邮票，"瞧这张！这是一张无价之宝。"他们花了一个小时谈论邮票，瞧董事长儿子的照片，然后他又花了一个多小时，把华特尔先生所想要知道的资料全都告诉他——他甚至都没提议他那么做。董事长把他所知道的，全都告诉了华特尔先生，然后叫他的下属进来，问他们一些问题。他还打电话给他的一些同行，把一些事实、数字、报告和信件，全部告诉了他。

用很短的时间，查尔斯·华特尔巧妙地解决了他的问题，更重要的是，他因此而成功地打造了一条关系网，这必将会成为他重要的人脉。如果我们设想华特尔是个"比而不周"的小人的话，那他就可能抱怨董事长的缺点，那也不会有后来的精彩了。

有句谚语说得好，每个人距总统只有六个人的距离。你认识一些人，他们又认识一些人，而他们又认识另外的一些人……这种连锁反应一直延续到总统的椭圆形办公室。而且，如果你仅仅距总统六个人的距离，那么你距你想会见的任何人也就只有六个人的距离，不管他是一家公司的总经理，还是你想让其加入你的团队支持你的名人。

但是，每个人之间也可以是无限的距离，即使是他站在你的面前。因为你不能容忍别人的缺点，看到别人的一个瑕疵，就否定掉了整个人。这样的话，任何人都不会跟你成为要好的朋友。幻想所有的人都跟自己一样，或者幻想所有的人都那么完美，只能是一厢情愿的想象，只能由于太过苛刻而流于偏私。

世间最美好的东西，莫过于有几个有头脑和心地都很正直的、严正的朋友

——爱因斯坦

智慧悟语

朋友是你的另一个生命。当你和他们在一起时，一切都会变得顺遂。每天都赢得一个朋友，如果他不能成为你倾吐衷肠的密友，至少也可以成为你的支持者。

友谊是慷慨和荣誉的最贤惠的母亲，是感激和仁慈的姐妹，是憎恨和贪婪的死敌，它时刻都准备舍己为人。诚挚的朋友必将成为你人生的后盾，在你高兴时与你分享快乐，在你悲伤时与你分享痛苦，在你得意时衷心地祝福你，在你失意时伸出援手。有人这样感叹：人生得一知己足矣！友谊的珍贵令许多智士为之感慨。

点亮人生

歌德与席勒是德国文学史上的两颗巨星，又是一对良师益友。虽然歌德和席勒年龄差十几岁，两个人的身世和境遇也截然不同，但共同的志向让两人的友谊长青。他们相识后，合做出版了文艺刊物《霍伦》，共同出版过讽刺诗集《克赛尼恩》。席勒不断鼓舞歌德的写作热情，歌德深情地对他说："你使我作为诗人而复活了。"

在席勒的鼓舞下，歌德一气呵成，写出了叙事长诗《赫尔曼和窦绿蒂亚》，完成了名著

《浮士德》第一部。这时，席勒也完成了他最后一部名著《威廉·退尔》。席勒死时，歌德说："如今我失去了朋友，我的存在也丧失了一半。"27年后，歌德与世长辞，他的遗体和席勒葬在一起。

人们为了纪念歌德和席勒以及追念他俩之间的友谊，树立了一座两位伟人并肩而立的铜像。这座铜像见证着他们的友谊，也告诉人们：人与人相互依靠、相互扶助时，所拥有的力量将突破时空的界限。

在友谊面前，许多事物都会失色，拥有友谊的人，生活即使过得再苦，也能够得到快乐。

很久以前，在异乡漂泊的风雨中，两个有着相同经历的穷人相遇了。他们朝夕相处，情同手足，相扶相持。有一天，为了各自的梦想，他们不得不分道扬镳了。

一个穷人对另一个穷人说："如果现在我有钱，我最想给你买件礼物留作纪念。"另一个穷人也无限感慨地说："或是我们有一件随身物品相互交换也好，那么，我们便可以时时刻刻感觉到对方的存在。"

可他们什么也没有。然而，就在那个秋意渐浓的午后，他们终于交换了一件礼物，各自心无遗憾地上路了，他们交换了彼此的名字。

真正友情的动人之处不在于它的中间掺杂了多少利益，而在于它所显现的真挚和诚恳会安抚人们烦躁的心灵，净化人们的灵魂。正所谓君子之交淡如水，沐浴在君子友谊当中的人，能够突破虚伪与沉湎，变得更加理智和深沉。

音乐大师舒伯特年轻时十分穷困，但贫穷并没有使他对音乐的热忱减少一丝一毫。为了去听贝多芬的交响乐，他竟然不惜卖掉自己仅有的大衣，这份狂热令所有的朋友为之动容。

一天，油画家马勒去看他，见他正为买不起作曲

的乐谱而忧心忡忡，便不声不响地坐下，从包里拿出刚买的画纸，为他画了一天的乐谱线。

当马勒成为著名画家的时候，弟子问他："您一生中对自己的哪幅画最满意？"马勒不假思索地答道："为舒伯特画的乐谱线。"

真正的友情并不依靠事业、祸福和身份，不依靠经历、地位和处境，它在本性上拒绝功利、拒绝归属、拒绝契约，它是独立人格之间的互相呼应和确认。所谓朋友，就是互相使对方活得更加温暖、更加自信、更加舒适的人。没有朋友，你只能与寂寞、孤独和失败为伍，相信人人都不想如此。

一个人在社会上的地位或在社会上取得的信用资望，与朋友很有关系

——梁漱溟

智慧悟语

有个旅行家在途中看见了一朵绝美的花，把它拍摄下来登在了杂志上。不久，很多人都慕名前来观看。花还是原来那朵花，依然非常美丽，只不过比以前那朵在野草丛中孤单的花更为耀眼了。

人也是如此，只是单独的个人纵然才华盖世，没有朋友的赏识也是很渺小的。梁漱溟先生认为，自己的身上虽然有着一种颜色，但是朋友能让自己的颜色更为显著。"自己交什么朋友，就归到那一类去，为社会看为某一类的人。"朋友若是高尚之人，别人也会把自己归入这个群体中；而自己若在某一方面有才华，朋友就是那些帮助自己发挥才华的人。

点亮人生

晋朝太康年间有个"洛阳纸贵"的故事，起因是一个名为左思的文学家写了篇《三都赋》。

左思这篇赋写了整整十年，吸收了班固的《两都赋》和张衡的《两京

赋》，吸收它们的优点，同时又努力避免其华而不实的弊病。但是写成之后，因左思只是个无名之辈，所以文坛上的很多人都没有细看就一通批评。此前，左思构思这篇赋的时候，当时有名的文学家陆机还嘲笑说："京城里有位狂妄的家伙写《三都赋》，我看他写成的东西只配给我用来盖酒坛子！"因此赋虽然写成了，却无人问津。

左思不甘心一腔心血就此付诸东流，于是找到了著名文学家张华。

张华细细地阅读了一遍《三都赋》，然后又问了左思创作动机和经过，当他再回头来体察句子中的含义和韵味时，为文中的句子深深感动了。最后，他爱不释手地称赞道："文章非常好！那些世俗文人只重名气不重文章，他们的话是不值一提的。皇甫谧先生很有名气，而且为人正直，让我和他一起把你的文章推荐给世人！"

皇甫谧看过《三都赋》以后也是非常欣喜，他对文章给予高度评价，并且欣然提笔为这篇文章写了序言。他还请来著作郎张载为《三都赋》中人魏都赋做注，请朱中书郎刘逵为《蜀都赋》和《吴都赋》做注。刘逵说道："世人常常重视古代人东西，而轻视新事物、新成就，这就是《三都赋》开始不传于世人原因啊！"

在这些名士的推荐下，《三都赋》很快风靡了京都，懂得文学之人无一不对它称赞不已。甚至以前讥笑左思的陆机听说后，也细细阅读一番，他点头称是，连声说："写得太好了，真想不到。"他断定若自己再写《三都赋》绝不会超过左思，便停笔不写了。由此，《三都赋》在京城洛阳广为流传，人们纷纷称赞，竞相传抄，一下子使纸价昂贵了几倍。后来纸张竟倾销一空，不少人只好到外地买纸再抄写。

如果没有张华、皇甫谧等人的大力推荐，还会有这番千古佳话吗？左思的才华确实是高，但是在当时那个"上品无寒门，下品无势族"的社会里，像左思那样的寒士要取得成功谈何容易！况且，当时注重人物品评，对人的相貌、气质要求颇多，左思又是个貌陋口讷之人，没有这些名士相助，纵然有佳作，也只能待后世给予正视了。

孟浩然对王维叹道："当路谁相假，知音世所稀。"意思是世上的知音如此之少，有谁肯提携我辈？梁漱溟先生则给出了答案：应该去找寻朋友，只有他们才能真正懂你，也只有他们才能让你不再渺小。

PART 02
益者三友，
损者三友

君子先择而后交，小人先交而后择，故君子寡尤，小人多怨

——《论语》

智慧悟语

　　交朋友的好处，没有人不知道；交朋友的坏处，没有人不担心。交到一个好朋友，等于交了一场好运；交到一个坏朋友，比发生一起火灾还可怕。

　　聪明人先选准人再交朋友，不聪明的人先交朋友再选择人。所以聪明人很少因交朋友带来麻烦，不聪明的人却经常因交朋友带来怨恨。

　　唐朝诗人孟郊曾写有《审交》一诗，专门分析了结交好、坏朋友的差别。诗中说："结交若失人，中道生谤言。君子芳杜酒，春浓寒更繁；小人槿花放，朝在夕不存。唯当金石友，可与贤达论。"意思是说，如果与不可交之人结交，到了中途，就会出现诽谤，遭人议论。君子之间的交往，恰如那陈年佳酿，天气越冷，饮之愈觉香醇；与小人结交就如同槿花绽放，早上才开，晚上就谢了。只有与那些可以肝胆相照的人结下稳固的交情，才有资格跟贤达之士坐而论道啊！简单点说，就是如果人们交到坏朋友，其坏处不仅来自这个朋友本身，还会遭到其他人的排斥的非议。相反，如果人们交到好朋友，不但受人称道，也会吸引到更多的朋友。

点亮人生

如何识别某个人是否可交呢？

清代名臣曾国藩有自己的一套看相识人的功夫，他将其集结为《冰鉴》一书。在书中，曾国藩具体讲解了识人的技巧。

一是"功名看气宇"，就是这个人有没有功名，要看他的风度。

二是"事业看精神"，一个人精神不好，做一点事就累了，还会有什么事业前途呢？

三是"穷通看指甲"，一个人有没有前途看指甲。从生理学的角度来讲，指甲是以钙质为主要成分，钙质不够，就是体力差，体力差就没有精神竞争。有些人指甲不像瓦形的而是扁扁的，就知道这种人体质非常弱，多病。

四是"寿夭看脚踵"，命长不长，看他走路时的脚踵。生活中，如果你发现有人走路时脚跟不点地，一般都短命，而且聪明浮躁，交代他的事，他做得很快，但不踏实。

五是"如要看条理，只在言语中"，一个人思想如何，就看他说话是否有条理。

现代有人更是将人分为三等：一等人，有本事，没脾气；二等人，有本事，有脾气；三等人，没本事，有脾气。这是在劝告人们：要尽量结交有本事没脾气的一等人，包容有本事，有脾气的二等人，远离那些没本事，有脾气的人。

我无惧风雨，但抵不住最信任的人背后一枪！

将这种看法和孔子的识人法结合起来，就可以得出这样的结论：有本事没脾气的人，是最值得交的朋友。但这种人极难得，偶然看见一个，不妨主动结交，千万不要错过。没本事有脾气的人，要尽量远离，以免惹祸上身。

可与共学，未可与适道。可与适道，未可与立。可与立，未可与权

——《论语》

智慧悟语

《论语》中孔子这句话的意思是说：有些人可以一起学习做人做事，一起经历人生，一起长大；年少时一直是十分要好的朋友，但却没有办法和他同走一条道路，不一定能共同成就一番事业。俩人思想目的不同，便没有办法共同相谋。虽然并不一定反目成仇，但却没有办法讨论计划一件事，只好各走各的路。

有些朋友可以与之共赴事业，却无法共同创业，所谓"兄弟同心，其利断金"的事，在有些人身上无法实现。而另一些朋友可以共同创业，却无法共同守业，所谓"打江山易，守江山难"，当他的手中握有权力，反而会让他在错误的道路上越走越远。

现代社会常常喜欢讲究交际，仿佛认识的人越多，这个人越有影响力。其实，这种想法是错误的。蜻蜓点水的认识千万人，不及推心置腹的几个人。专心对你的朋友，尽管这段路不一定同行，但是要懂得珍惜，要懂得尊重，懂得维护属于你的那一份心灵上的情感依托。而且，人会随着生活的环境而变化，这一秒他可能与你推心置腹，下一秒就可能将你出卖，因此，一旦发现一个朋友的原则思想和你有分歧，则应远离他。

点亮人生

《世说新语》中记载了一段著名的历史故事——管宁割席。

管宁与华歆本是从小玩到大的好朋友，恰同学少年结伴读书。一次，俩人一同在园中锄菜，地上有块金子，管宁视而不见，继续挥锄，视非己之财与瓦砾无异，华歆却将金子拾起察看，仔细想过之后又将金子丢弃了。此举被管

宁视之为见利而动心，非君子之举。还有一次，俩人同席读书，外面路上有官员华丽的轿舆车马经过，前呼后拥十分热闹，管宁依旧同往常一样安心读书，而华歆却忍不住将书本丢到一边，跑出去看了一下热闹。此举被管宁视之为心慕官绅，亦非君子之举。于是，管宁毅然将俩人同坐的席子割开，与华歆分坐，断了交情，说："你不是我的朋友。"

故事被载入《世说新语》的德行篇。事情很小，而且是人们容易忽略的细枝末节，但正因其小，足见当时的士大夫、读书人品评他人与约束自己的尺度与交友之严，见微而知著，因小而见大。

我们且不评论管宁的做法是否正确，但其中的道理却引人深思。当朋友间所追求的东西差别很大时，朋友很有可能在以后的路上会分道扬镳。因此，朋友未必能够一路同行，有的朋友可以一起学习、一起创业，然而，随着人生经历的变化，有时也会在一个关键问题上出现分歧，使友情破裂，追求各自不同的人生。

人生就像是一台戏，每个人扮演的角色不同，台词和意图也不尽相同。当你感觉到跟对方的差异时，要看对方是不是能够成为你的朋友，也或者对方值不值得你为了守候这份友情而付出。如果确定对方可以是很好的朋友，那么即使有一点差异，也要学会保留，学会尊重；如果确定彼此不是同路人，没有什么相处的必要，那么就应该大胆地割舍掉这份情谊，不做无畏的挣扎。

志同道合，才能走到一起，才能成为朋友。但每个人都会随着所处环境的改变而改变，如果他今天对你来说是益友，那么你可以继续维护这段友情，如果他今天对你来说是损友，那你就要抱着"只是同流不下流"的态度，尽量规劝他改过向善，如他不听你的规劝，那你应果断地远离，斩断这份友情。

忠告而善道之，不可则止，毋自辱焉
——孔子

智慧悟语

俗话说得好："良药苦口利于病，忠言逆耳利于行。"这话的确不假。但是，谁爱吃苦药呢？小孩常把吃苦药当成虐待，大人常把逆耳忠言视为人身攻击。所以，进"忠言"的结果有时是"好心没好报"，对方非但不感激，反而心生怨意。

以上下级为例，当上司有了不对的地方，你提出意见和建议，如果对于一个问题，说的次数多了，虽说是对公司与上级有益，有时也会招致上司的反感。对朋友也是一样，朋友有不对的地方，听不进你的建议，如果你劝告的次数过多，反而还会与你慢慢疏远，甚至变成冤家。所以，适可而止也是需要注意的一条交友之道。

中国文化中友道的精神，在于"规过劝善"，这是朋友的真正价值所在，有错误相互纠正，彼此向好的方向勉励，这就是真朋友，但规过劝善，也有一定的限度。朋友的过错要及时指出，"忠告而善道之"，尽心劝勉他，让他改正错误，但实在没有办法时，"不可则止"，就不要再勉强了。自古忠言逆耳，假如忠谏过分了，朋友的交情就没有了，尤其是共事业的朋友。历史上有许多先例，知道实不可为，只好拂袖而去，走了以后，还保持朋友的感情。

隋炀帝曾对大臣宣称："我天性不喜欢听相反的意见，所谓敢直谏的人，都自说其忠诚，但是我最不能忍耐。你们如果想升官晋爵，一定要听话。"对于这样冥顽不灵的人，不妨把所有的忠言都锁到保险箱，以免给自己招灾惹祸。

点亮人生

对于朋友，我们要尊重对方的选择，即便他的选择是错的，但如果规劝后无效，则随他去吧。

湖南才子王湘绮是曾国藩的幕友，当曾国藩率领的湘军在前方和洪秀全作战，开始露败象的时候，王湘绮想请假回家，曾国藩起初并不同意。

有一天晚上，曾国藩因事去找他。看见他正坐在房里专心看书，就站在后面不打扰他。差不多半个时辰，王湘绮还不知道，曾国藩又悄悄地退回去了。

第二天早上，曾国藩就送了很多钱，诚恳地安慰一番，让王湘绮立刻回家。有人问曾国藩，为什么突然决定让王湘绮回去？曾国藩说，王先生去志已坚，无法挽留了，何必勉强呢？再问曾国藩何以知道王湘绮去志已坚？曾国藩说，那天晚上去王湘绮那里，他正在看书，可是半个时辰没有翻过书。可见他不在看书，在想心思，也就是想回去，所以还是让他回去的好。

看到朋友正走在错误的道路上，你不能见死不救，非要将他扳回正道来，那你就必须把握给人忠告的三个原则：

1.在说逆耳的忠言前，先多说顺耳忠言，肯定对方的优点，然后再说上规劝的话，人家也就容易接受了。正如《菜根谭》所说："攻人之恶毋太严，要思其堪受；教人之善毋过高，当使其可从。"在任何时候，我们都要顾及对方的自尊心，不能因为自己的意见是对的，就理直气壮地坦率陈言。

2.让对方真真切切地感受到你的好意。讲话时态度一定要谦和诚恳，用语不能激烈，否则对方就会以为你在教训他；也不必过于委婉，否则他会认为你惺惺作态。

3.选择适当的场合。原则上讲，最好避开第三者，以一对一方式进行，以免让对方产生当众出丑的感觉。

总之，在对朋友给予忠告时，只要能让朋友明白你的苦心真情，即便是他最后决定不听取你的意见，也不至于怨恨你，毁坏彼此的友情。

第十三篇

爱情：
情为何物，
竟让人放不下

PART 01
错过了，
就是一辈子

要能放下，才能提起。提放自如，是自在人

——圣严法师

智慧悟语

当爱情来临的时候，我们要知道珍惜；当失去爱情的时候，我们也要懂得放手。

一朵花该谢的时候它就会谢，一个人该走的时候他就会走。有时候，缘分是没有道理可讲的，也许你还爱着，对方却已经转身。珍惜曾经拥有的缘分，缘分尽了就放手，不要纠缠更不要报复，不要将曾经美好的回忆都化作虚无。

点亮人生

当爱情走到尽头，不论你曾深爱的他或她带给你多大的伤害，请不必怀恨在心，因为爱情的结束也意味着伤害的结束。与其花时间花精力去向一个坏男人或坏女人报复，倒不如花时间去寻找你真正的人生伴侣，你的幸福，其实就是对他或她最好的报复。

他们曾是一对恋人，他们曾经非常相爱，在最好的年华里，发誓要永远和对方在一起。

可是，世事无常，终有一天他说，算了吧，我们分开吧。

她不肯分，死缠烂打，让他赔偿自己的青春。这么多年，怎么可能说完就完？于是她打骚扰电话，散布谣言，跑到他的单位去找他，砸的玻璃砸他的车。他说，不要再纠缠了。她却偏不死心。

后来她开始想杀了他，他们说过死也要在一起的。她买了一把锋利的匕首，想象着刀子刺进他心脏的感觉，感觉到痛苦又快乐。

但还没有等到她下手，他就被推到她的急诊室，因为深夜开车时候出了意外。

她看见他伤得极重，蜷缩地躺在病床上，已经陷入昏迷还痛苦地紧皱双眉。机会来得如此容易，她甚至不用特意去找他。她站在手术台前，感到对方的生命就在自己的手里，她亲自为他麻醉，不禁全身颤抖。

拿起手术刀的时候，她却突然镇静下来，想起自己身为医生的职责，想起那些快乐的日子里，他说如果你受伤了我也会痛。原来他受伤了，自己真的也会痛。

手术很成功，她下了手术台之后，发现自己的衣服全湿了，出了手术室一刹那就泪流满面。原来，曾经爱过就是彼此的慈悲。她以为恨就会永远去恨，她以为不爱了就恨不得对方死。但是她没有想到，当他真的面临生死时，当他需要她救助时，她还是挺身而出了。她以为分手了自己会希望他死，原来不是。

他后来问她，你不是说过要杀我吗？为什么给了你机会你却没有下杀手？

她答，因为爱过，所以慈悲。他听了，流下了眼泪。

在爱情里，被留下来的一定会有伤痛，每个人受到伤害以后，都会想方设法减轻自己的痛苦，这是人的生存本能，无可厚非。可是，有些人却会产生报复心理，把自己的痛苦加倍放大，然后转嫁到别人身上去，仿佛这样就可以成倍地捞回自己所受的损失。这是很危险的。报复别人，最终被伤害的是自己。事实上，生活对每一个人都是公平的，它既不会让一个人永远失去，也不会让一个人永远得到，只要你真诚地对待它，洒脱放手是对对方的成全，也是对自己慈悲。

若分手，便是缘分还不够，那就选择随缘吧，不必纠缠，更不要想着报复。缘起缘灭之间，就像徐志摩的《偶然》：

我是天空里的一片云，

偶尔投影在你的波心——

你不必讶异，

更无须欢喜——

在转瞬间消灭了踪影。

你我相逢在黑夜的海上，

你有你的，我有我的，方向；

你记得也好，

最好你忘掉，

在这交会时互放的光亮！

没有一场深刻的恋爱，人生等于虚度

——罗曼·罗兰

智慧悟语

感情是说不清也道不明的，也是生活中最难解释的，感情不在于是不是两个人真的就爱了，而是难于爱的维持与持久，俩人在一起一天好走，但一辈子却很难。生活毕竟是现实的，人也是需要经历这样那样的考验，不单单是一句"我爱你"就能解决的。

人生中会有很多意想不到的事情，人们要有足够的耐心去面对。人就是这样的，总要经历一些事情，才会明白一些道理，虽然人生变化多端，但是两个真正相爱的人是要经受考验才能懂得更加珍惜对方。虽然男人会有心事，女人也会有情怨，但是作为一个男人都要记住这样的一句话：不要轻易让一个女人受伤；作为女人也应该记住：不该让男人太累。俩人只有相互理解、尊重，才能让爱情变得更加长久与幸福。

人世间有一个"情"字，就注定了有很多人会为情所伤。因为感情确实是很复杂的东西，因为它的敏感与细致，所以往往会让人毫无保留，也就是到最后放下了自身的防御，这个时候如果受伤，将会伤得很严重。有人说，感情向来都是一个双面的刃，在感情面前既可伤害别人也可以伤害自己，它既可以有光华耀眼的美丽，也会有让人锥心刺骨的痛楚。

其实，每个人都知道，一个值得爱的人并不是很容易找到的，大千世界又是那么的大，有时候人们可能要花费几年的时候，甚至是几十年的时间来寻找这个人，这个寻找的过程是很辛苦的，这其中也会有烦恼、忧愁、彷徨、失落，一旦找到后千万不要轻易放弃。因为感情的伤口是很难愈合的，即使是愈合了也会留下一个伤疤，在过后的漫长岁月里，只要有个阴雨斜风，人们都会隐隐作痛。

一个真正懂得爱的男人是不会让一个女人受伤的，不管这个女人是不是他的最爱，但是男人有他的责任，虽然不是所有的男人都一样的善良。

对一个好男人来说，如果一个女人是自己的最爱，那么伤害她还不如伤害自己，更何况，爱一个人不就是要她能获得幸福吗？如果你不爱她，那么就不要轻易地开始，一旦开始就不要轻易结束。

点亮人生

在当今的社会，不管是少男少女，还是成熟男女，每个人都无法与爱情抗争，如果说有人快乐着，那就必定意味着也会有人会痛苦着，如果说男人有了心事，那么，女人也会有情怨。

在爱的世界里，两个人难免会有不理解和伤害对方的时候，但如果人们在做每件事之前都为双方考虑，那么一切的问题与困难自然就会迎刃而解了！要想爱情甜蜜，婚姻美满，那么就请女人们理解男人，男人也该理解女人。一份完美的爱情和一个美满的家庭，都是要靠互相尊重和理解才能经营下去。

不是每个男人都是骑着白马的王子，所以，女人不要对自己的另外一半过于苛求，

平时不要总嫌弃对方不够高大和英俊，也不要责怪他送给你的只是一双手套而不是九十九朵玫瑰，因为男人的心也会受伤，女人要懂得接受这种默默无闻的爱，这种平淡的爱才是最真实与自然的。

不是所有的男人都会把爱挂在嘴边，所以，女人不要总是逼着男人回答"你爱我吗"，或者是当男人回答的不够干脆时就心生怀疑，不要让他把这种回答变成一种无奈的习惯。女人要相信真正的爱是不用说出来的，爱的行为也会让人沉浸在无言的感动里，当男人静静地看着你微笑时，当他轻轻地抚摩你的头发时，当他自然地牵着你的手时，你要相信，这就是爱。

不是每个男人都善于反驳，所以，当出现误会的时候对方表现的沉默不语时，请不要推开他。也许在他看来那只是一个无关的女人或者一件他绝不会做的事，一个真正的男人对待事实，往往不会有太多解释。

也许，男人总搞不懂女人在想什么。所以，当女人故意说不理他，他却真的走开时，请不要在那儿跺脚生气，发誓要惩罚他。要知道，此时一头雾水的男人心里比你还要郁闷。如果男人总不能领会你的意思，那么，就请女人明白地告诉他，这样的话两人都会轻松许多，而女人也可以得到你真正想要的，为什么不呢？

男人也要有自己的生活。他们也许会迷恋游戏，也会约朋友一起出去喝酒、打牌。这个时候，女人请不要短信电话步步紧逼，也不要逼问他为什么不带你一块前往。每个人都需要有自己的空间。

女人给彼此足够的空间才会有新鲜的空气。男人也会有受伤的时候，也会有莫名的情绪低落。所以，当他的脸上写满疲惫，眼中充满厌倦，工作充满无奈与抱怨时，请不要在这个时候去追问他是不是不爱你了。要知道，这个时候说甜言蜜语哄人，谁也做不到。女人此时只要安静地陪在他身边就好。

总说，男人不懂女人心，可有时候，女人是不是也会常常忽略他们的感受呢？男人有义务陪女人，又没有权利放弃工作。在坚强的标志下，男人只有一并承担。

生活本来就很让人疲惫，当男人在为将来打拼的时候，女人就让男人好好休息吧。

相反，男人不该让女人伤心，女人生来就是需要被呵护的。在女人理解男人的时候，男人该用一颗真诚的心去回报女人对自己的爱！

PART 02
爱情没有寿命，没有极限

死生契阔，与子成说。执子之手，与子偕老

——《诗经》

智慧悟语

真正的爱情是一种持之以恒的情感，而唯有时间才是爱情的试金石，唯有超凡脱俗的爱才能经得起时间的考验。真正的爱情是一种持之以恒的长久而稳定的情感。

很久以前，我们的祖先就在追求这种持之以恒、矢志不渝的爱情。"执子之手，与子偕老。"唱出了人类对于爱情的共同心声。一直到今天，我们还是在追求这种爱情，我们也在歌里唱道："我能想到最浪漫的事，就是和你一起慢慢变老，直到我们老得哪儿也去不了……"我们之所以钟情于这种爱情，就是因为经得住时间考验的爱情才能算得上是真正的爱情。

点亮人生

一个小岛上，住着快乐、悲哀、爱……

一天，他们得知小岛快要下沉了。于是，大家都准备船只，离开小岛。只有爱留了下来，她想要坚持到最后一刻。

过了几天，小岛真的要下沉了，爱想请人帮忙。

这时，富裕乘着一艘大船经过。

爱说："富裕，你能带我走吗？"

富裕答道："不，我的船上有许多金银财宝，没有你的位置。"

爱看见虚荣坐在一艘华丽的船上，说："虚荣，帮帮我吧！"

"我帮不了你，你全身都湿透了，会弄坏了我这艘漂亮的船。"

悲哀过来了，爱向她求助："悲哀，让我跟你走吧！"

"哦……爱，我实在太悲哀了，想自己一个人待一会儿！"悲哀答道。

快乐走过爱的身边，但是她太快乐了，竟然没有听到爱在叫她！

突然，一个声音传来："过来！爱，我带你走。"

这是一位长者。爱大喜过望，竟忘了问他的名字。登上陆地以后，长者独自走开了。

爱对长者感恩不尽，问另一位长者知识："帮我的那个人是谁啊？"

"他是时间。"知识老人答道。

"时间？"爱问道，"为什么他要帮我？"

知识老人笑道："因为只有时间才能理解爱有多么伟大。"

快乐不是爱，金钱不是爱，悲哀也不是爱，那么什么才是真爱呢？是能够经得起时间检验的那种真挚的感情！

因此，如果我们遇到了一份经得住时间考验的爱情，一定不要错过了，那可能是你一生难遇一次的真爱。如果我们相爱了，那么就要学会爱，坚守爱，珍惜爱，把"与子偕老"的誓言化为相守的幸福。

以自在的爱接纳所爱

——马斯洛

智慧悟语

马斯洛认为，在爱情中，人们应该做的事情就是顺其自然。而且，情感健康的人更容易达到忘我的境界。忘记自我可以使我们的大脑更加有效地进行思考、学习以及从事其他活动。

他说，没有选择性的认知，意味着按其本来面目接受一种体验或者一个人，而不是试图对其进行控制或加以改变。支配、干涉、"要求"甚至改变对方的方式是违背了交往的原则的，并不利于彼此之间的进一步交流亲昵。

马斯洛说，世界广大，视若空荡，时光流逝，置若罔闻。正如人在音乐中完全忘记了自我，这种忘我之爱才真的让人弥足珍惜。

点亮人生

对于爱情，很多人一直执着于自己内心的一个标准：爱情是一种浪漫的体验。这种体验使任何事物在恋爱者的眼中，都是一种美好。爱情中不能没有浪漫，没有浪漫，也就没有了爱情，然而，爱情的浪漫毕竟只是一种主观的、很缥缈的东西，总是依赖于一种现存的事情上，没有现实做基础的爱情是不牢固的，总有一天泡沫破了，梦也就醒了。

真正的爱，其实是来自对生活的真实面对的。爱，是柔和的，温暖的，而如果我们在爱中抱有某些目的，例如，力图使对方有所改变，或是与别处或者以前认识的其他人作参照或比较，我们就难以完全融入爱的体验，且会损伤我们的爱的体验。那样，爱，也就显得并不美好和令人幸福了。

浪漫女和现实男是一对恋人，他们俩如漆似胶地相爱着，真可以说是一日不见，如隔三秋。

一次，为了考察现实男对自己的忠诚程度，浪漫女问："你到底爱不爱我？""十二分的爱你！"现实男回答。"那假设我去世了，你会不会跟我一起走？"

"我想不会。"

"如果我这就去了，你会怎样？"

"我会好好活着！"

浪漫女心灰意冷，深感现实男靠不住，一气之下和现实男分开了，去远方寻觅真爱。

浪漫女首先遇到了甜言，接着又碰见蜜语，都在相处一年半载后，均感不合心意。过烦了流浪的日子，浪漫女通过比较，觉得现实男还是多少出色一些，就又来到现实男面前。此时，现实男已重病在床，奄奄一息。浪漫女痛心地问："你要是去世了，我该咋办呢？"现实男用最后一口气吐出一句话："你要好好活着！"

浪漫女猛然醒悟。

人们总是发现，走了一圈，又回到了原点，不免懊悔浪费了大好人生。所以，要设身处地地感受，顺其自然地爱，而不是因爱毁了自己的世界。

真正的浪漫不是浅薄的、程式化的甜言蜜语，也不是死去活来的心灵激荡；它更应该是一种现实的温馨与美好，是一种全心全意为对方着想的相互关爱——这才是爱情的真谛！真正的爱情只有蜕变成亲情才能永存，浪漫只能是一时的风花雪月，再美丽的爱情到最后也要踏踏实实过日子。生命苦短，几十载光阴，如梦般飘逝无痕，如果能和自己心爱的人，在余晖下相依携手看天边的浮云，看飘零的枫叶，这何尝不是人世间最大的幸福呢？就像那对背着爱人上天桥的恋人一样，真正的浪漫并非全是烛光晚餐加玫瑰香槟。浪漫有时只是一种质朴至纯的表达，并不需要过多的物质条件。浪漫不是华丽语言的伪饰，它需要我们用行动来表达。浪漫，从来都是一种相濡以沫的支持，或是风雨中一起面对的豪情。浪漫，本色至纯！

莉莎和男朋友分手了，处在情绪低落中，从他告诉她应该停止见面的一刻起，莉莎就觉得自己整个生活被毁了。她吃不下睡不着，工作时注意力集中不起来，人一下消瘦了许多，有些人甚至认不出莉莎来。一个月过后，莉莎还是不能接受和男朋友分手这一事实。

　　一天，莉莎坐在教堂前院子的椅子上，漫无边际地胡思乱想着。不知什么时候，身边来了一位老先生，他从衣袋里拿出一个小纸口袋开始喂鸽子。成群的鸽子围着他，啄食着他撒在地面上的面包屑。他转身向莉莎打招呼，并问她喜不喜欢鸽子。莉莎耸了耸肩说："不是特别喜欢。"

　　他微笑着告诉莉莎："当我是个小男孩的时候，我们村里有一个饲养鸽子的男人。那个男人为自己拥有鸽子而感到骄傲。但我实在不懂，如果他真爱鸽子，为什么把它们关进笼子里，使它们不能展翅飞翔呢？所以我问了他。他说：'如果不把鸽子关进笼子，它们可能会飞走，离开我。'但是我还是想不通，你怎么可能一边爱鸽子，一边却把它们关在笼子里，阻止它们要飞的愿望呢？"

　　莉莎有一种强烈的感觉，老先生在试图通过讲故事，给她讲一个道理。虽然他并不知道莉莎当时的状态，但他讲的故事和莉莎的情况太接近了。莉莎曾经强迫男朋友回到自己身边，她总认为只要他回到自己身边，就一切都会好起来的。但那也许不是爱，只是害怕寂寞罢了。

　　老先生转过身去继续喂鸽子。莉莎默默地想了一会儿，然后伤心地对他说："有时候要放弃自己心爱的人是很难的。"他点了点头，但是，他说："如果你不能给你所爱的人自由，你并不是真正地爱他。"

　　我们给了对方多少自由，又给了对方多少爱呢？我们常常渴望爱情，但拥有爱情却往往不去珍惜，或是苛刻占有，长此以往，脆弱的爱情往往不堪考验而劳燕分飞。那时，彼此要怎么办？很多人会选择懊悔，甚至乞求对方不要离开或是怨恨对方。

　　其实，我们寻求爱，努力爱为的是什么呢？不过是爱的美好与幸福罢了。如果爱已经变成了约束的牢，那么这种爱还是真正的爱吗？以自在的爱去爱，彼此才能真正享受美好。

爱只是一颗种子，并不能够改变土壤

——海灵格

智慧悟语

我们总是认为，只要有爱，生活便会万事大吉，因为爱使人感到奋进和温暖。或者，我们会以为，虽然现实不令人满意，但只要有爱，有这种令人发狂的力量，爱就能弥补彼此间的一切损失。

在《谁在我家》一书中，海灵格谈到了爱的力量。他认为，伴侣之间的爱的顺利发展，对于双方来说都必不可少，可是在自然环境这个更大的系统中，我们彼此之间的爱并不是主要的角色，是没有办法左右时间的车轮滚滚向前的。用心良苦的愿望和闭门造车式的设想都是不切实际的。

或许我们相信爱，即便是不相信爱，也会相信感情。然而，爱是不能改变乾坤的。除非爱加上了彼此共同的、没有丝毫含糊的努力。

点亮人生

《生命的鞭》是琼瑶的经典著作《六个梦》中第四梦，这是一个关于富女嫁穷男的贫贱夫妻的故事，故事让人感伤而无可奈何，也是爱的警钟。

上海大富豪胡全的独生女儿，外号叫作"神鞭公主"的胡茵茵，在一次偶然的机会与穷青年画家孟玮相遇，双双坠入爱河。

茵茵不顾父亲断绝父女关系、扫地出门的威胁，带着自己美好的爱情梦想与孟玮生活在了一起，主动、坚决而高傲地放弃了自己高贵的小姐身份。

原以为只要俩人相爱就能过上幸福的生活，但是社会生活的压力让他们喘不过气来。茵茵往日的丰肌玉脂，慢慢被生活折磨得骨瘦如柴，真正体会到了"贫贱夫妻百事哀"的滋味。然而她还是坚持着，她相信，孟玮的艺术家身份总有一天会被社会承认的。

不能给自己心爱的女人幸福生活，孟玮在一种焦灼中被打垮了。他的脾气变得越来越暴躁，整天整夜酗酒。酒，是件奇妙的东西，多饮则迷失本性。孟玮居然开始撒酒疯，殴妻。

家常便饭的殴打让茵茵心惊胆战。她劝说，在孟玮清醒的时候。孟玮忏悔，发誓。茵茵一次次地相信他。

她坚信，只要有足够的爱，她是可以感化他的。她坚持着这个错误的信念，不离开他，越来越迁就他，还生下了女儿。然而执拗，让她付出了沉痛的代价。

在一个风雨交加的夜晚，孟玮再次拳脚相加，甚至威胁到小小的孩子的时候，茵茵抱起女儿逃出了家门。她找不到可以遁身的地方，于是抱着女儿绝望地投进了无边无际的湖水。孟玮从此疯了。

爱情，是一个说不尽的话题。爱情里面，有时是没有道理可言的。然而，爱里有感受，我们感受到好便会好，好需要一种平衡，哪怕对方没有要求都要想到的。

爱，也不是单向的，不是卑微的，不是被恩赐得来的。所以，在爱情里面，彼此始终应该是平等的，是需要双方的参与和努力的。只有真正平等的伴侣关系，才真正有益于爱的发展。

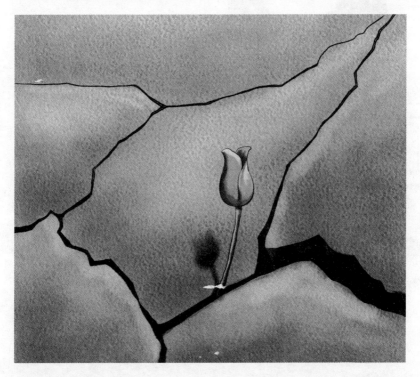

第十四篇

婚姻：知己知彼，琴瑟和谐

PART 01
婚姻与爱情，
谁是谁的必需

你匆匆忙忙嫁人，就是甘冒成为不幸者的风险

——苏霍姆林斯基

智慧悟语

在古代，婚姻都是媒妁之言、父母之命，将一个陌生的男人和一个陌生的女人放到一起，举办一场隆重的婚礼，就算结婚了。在新郎掀开盖头的那一刻，这对男女才算是开始认识彼此，才开始磨合彼此的个性，磨合得成功的话，就开始了婚后恋爱的幸福生活；如果磨合得不成功，也没有办法，能够彼此谦让便尽量谦让，还要和和气气地生儿育女，把日子过下去。这便是夫妻间"相敬如宾"的表现，把彼此当作客人来尊敬，彼此包容和忍让，婚姻就不会差到哪里去。古代的大部分夫妻不都是这样过来的吗？

到了现代，人们受西方的现代婚姻观影响，突破了传统的媒妁之言、父母之命的婚姻，讲究自由恋爱、自由结婚。然而，现在的人们过多地强调自由思想，逐渐缺少了包容心，让爱情越来越像"快餐"，来得快，去得也快，如此恋爱几番，便都是失败的案例，渐渐将自己变成了"剩男"、"剩女"。等过了普遍的结婚年纪，身边没有适合的结婚对象，心里又着急起来，便不得不步入"相亲"的大潮，抱着"差不多"的心态挑选一个，迅速地完成自己的婚姻大事。这样"将就"而成的婚姻，因为婚前彼此不够了解，婚后便暴露出彼此的种种缺点来，彼此又都是自由至上的现代青年，难有古代夫妻"相敬如宾"的包容心，夫妻间的矛盾便不断爆发，常常闹得两个家族都鸡犬不宁，离婚散伙便成了最终的结局。

点亮人生

现代社会离婚率的日益升高，原因无非是：人们不能好好地恋爱，慢慢地结婚。如果夫妻间都能像梁鸿和孟光那样"举案齐眉"，哪里还愁没有美好的爱情、美满的婚姻呢？

东汉文学家梁鸿博学多才，虽然家里很穷，但是因为品德高尚，所以上门说媒提亲的人很多，但都被他婉拒了。同县一个叫孟

光的女子年已三十，仍然挑挑拣拣不肯出嫁，父母问她原因，她说："要嫁就嫁梁鸿那样贤能的人。"梁鸿听说之后就迎娶了她。

孟光过门之后，就将家里内外装饰一新。而梁鸿却接连七天都不搭理她。于是就问梁鸿："我听说你品行高洁，拒绝过很多求婚的人。如今我有幸被您看中，却不知我做错了什么事，您从来不和我说话。"

梁鸿说："我想要娶的妻子，是能够穿着粗布衣服，和我一起隐居山中的人。如今你穿着华丽的绢织衣服，涂脂抹粉，并非如我所愿，所以才会冷落你。"

孟光听后，恍然大悟："原来这是您的志向，我已备好隐居之服。"于是换上粗布麻衣来见梁鸿。梁鸿见了高兴地说："这才是我的妻子。"不久之后，他们去了霸陵山中，过起了隐居的生活。

后来夫妻二人又迁到吴地。每次梁鸿从外面回到家中，孟光给他做好饭，低头不敢仰视他，而是将盛饭的托盘举到同她眼眉一样高的地方。人们称赞他们夫妻俩："这对夫妇真是举案齐眉、相敬如宾啊！"

"举案齐眉"的幸福有几人能得呢？生活中，许多人总是怕结婚前怕被对方吹了，显得唯唯诺诺、百依百顺；结婚之后，觉得生米煮成了熟饭，就无所顾忌，原形毕露，恣意妄为。相反，对对方要求又苛刻了，容不得对方有缺点和不足。这样，双方情感上的距离哪能不越拉越大，以致闹得不可挽回，走向分手。如果能传承相敬如宾的美德，双方都像对待客人那样敬重尊重对方，怎么会平白无故起纠纷呢？即便有点小的摩擦，也会在宽容包容之中化解了，哪会弄到剑拔弩张不可收拾的地步呢！

南怀瑾曾说过："好好地谈恋爱，慢慢地结婚，谈恋爱时都很好，一结婚常常出问题。"现在的人多是情投意合、两相情愿才能进入婚姻的殿堂的，为什么会有"七年之痒"，甚至相处几个月就要离婚呢？这就是恋爱时，绝不说真话惹的祸，也是违背"好好地恋爱，慢慢地结婚"的结果。

从此刻起，试着和你的丈夫或妻子"相敬如宾"，看看婚姻会有哪些美好的变化呢？

总之，当我们抱着一个真诚的心去面对生活，好好地恋爱，慢慢地结婚，自然能拥有幸福的人生。

婚姻是恋爱的完成，不是坟墓

——梁实秋

智慧悟语

有人说："婚姻是爱情的坟墓。"结婚意味着激情的冷却以及爱情的消逝。婚姻真的如此可怕吗？答案是否定的。问一下那些甜蜜相守着的夫妇就会知道，有时候爱情与婚姻是可以共同拥有的。

认为婚姻是爱情的坟墓的人，他们毅然选择了单身。婚姻，在这样的人眼里是种束缚，没有办法再在酒吧买醉，也没有办法再肆无忌惮地逛街，不能随便和各样的朋友一起吃饭。一个家，需要按时回家，需要照顾家人。柴米油盐的平淡，或许会将爱的激情之火慢慢熄灭。各种各样的争吵也会随之而来。

难道这一切真的会让爱情淡化？其实，婚姻是一种学问，是让爱情延续下去的学问。

会说婚姻是爱情的坟墓，只能说双方不懂得如何去经营爱情，相信当两个人决定结婚前，一定是彼此有感觉的，只是婚后的日子让爱情变平淡了。这仅仅只是因为结婚以后，男人与女人都放下了爱情中的浪漫，投入到生活中去了。婚姻之所以没有了爱情那样鲜明而浪漫的色彩，是因为双方把精力投向了别处，这并不是爱情的消逝，而是对爱情的忽略。只要多花心思在感情上，爱情就能以一种更加温情的面貌与婚姻同在。

点亮人生

很多人不懂婚姻是什么，不知爱情到底为何物。为什么原本美好的爱情，走到了婚姻神圣的殿堂，就变得如此枯燥不堪了呢？

每个人的婚姻不可能如死水一样波澜不惊，必定有很多的磕磕绊绊、吵吵闹闹，有痛苦，有波折，有沮丧，有失意，有彷徨，有误会，很多的遗憾与烦恼交织。很多人沉湎于苦难不能自拔，选择了放弃这段感情。或许，这段风雨过后就会见到彩虹；或许，阴霾过后，就有晴空；或许，一段忧伤正迎接着一个希望。这些只是婚姻中的一个小插曲，怨天尤人，埋怨命运不公、时运不济、世人不解、爱情已逝，都只是不懂婚姻这门学问的开脱之词罢了。

女人嫁给一个爱你的人是幸福的。在他的面前，你可以任性地做任何你想做的事；在他面前你可以尽情地放任自己，你可以不修边幅。但是在享受他对你的宠溺、迁就、包容时，也不要忘记为他建设一个心灵的栖息地，做他生活中那块最安稳的小岛，让他也能感受到有你的快乐。

婚姻是一门学问，是一门技术，但不像是书本那样的死学问，也不是生产环节的死技术，它像经营管理一样，是一门活学问，是一门活技术。到了情窦初开的年龄，人人都需要学习，人人都需要研究。我们不仅要把婚姻当一门学问、一门技术来学习、来研究，更要把婚姻当作一项事业来合伙经营，把婚姻的理论知识与婚姻的生活实践相结合。

对爱情不必勉强，对婚姻则要负责

——罗曼·罗兰

智慧悟语

责任，其实就是爱情的一部分，就如爱情应该成为婚姻的一部分一样。一切的基础在于，你要学会如何去选择爱，如何去对待爱。当你的心中有了爱情的概念时，什么"坟墓"，什么"网"都将改变，而承担责任也就成为一种幸福的事。

爱情并不一定能够产生责任。反过来，责任却可以在婚姻中呵护爱情，爱情如潮水，他总有陷入低谷的时候，这时候如果放弃，就是对婚姻的不尊重，这时候，就需要责任来呵护，我想婚姻的目标绝不是短暂的幸福，而应当是长久的幸福，有责任而缺乏爱情的婚姻也许并不完美，但他完整而真实，而有爱情却没有责任的婚姻，则必定是短暂的，必定是空洞的。婚姻中有了责任感和使命感，婚姻生活才能变得幸福、和谐和愉悦，才能真正地实现婚姻的意义。

爱情是婚姻的基础，没有爱情的婚姻
是不道德的。婚姻，正是因为彼此缔结的
责任，才能维持长久，才能真正地实现恋爱时对爱情天荒地老的承诺，才能忠于对一个家庭的承诺。

点亮人生

俗话说："天上下雨地上流，夫妻吵架不记仇。"一旦雨过天晴，误会消除，美丽的彩虹就会出现，夫妻双方的相互理解就能得到加深，爱也就因此进入了一个新的境界。

苏东坡也曾经说过："结发为夫妻，恩爱两不疑。"婚姻讲求的就是彼此之间的信任和责任。当爱情走入婚姻的殿堂，已经不只是简单的相爱了，这种爱里蕴含了责任。在教堂里，面对新人，神父都会问："如果×××有了疾病或其他灾难，你愿意和他（她）在一起吗？"虽然是一个简单的问题，但是它包含着夫妻双方相互的关爱和责任。有人说"婚姻是坟墓"，正是淡化了婚姻的责任、误解了婚姻的真正意义。也许一场婚姻给了我们太多的责任，或者说负担，如家庭的开支，家庭的事务，对方的事业，对方的亲朋好友，包括儿女的生活。可是，难不成对于那种婚前所做的一切就不存在责任可言吗？而且作为一个人，一个有感情的人，又怎么能不学会去承担起自己本身的责任？婚姻真的是那般可怕吗？责任真的那样难以承担吗？

婚姻就像一座围城，
城外的人想进来，
城内的人却想出去。
　　——钱钟书

PART 02
美满的婚姻都是相似的

只为金钱而结婚的人其恶无比；
只为恋爱而结婚的人其愚无比

——约翰逊

智慧悟语

好的婚姻是什么？在每个人的眼里有着不同的概念。

是的，有的人认为嫁个有钱的男人婚姻就幸福，有的人认为嫁个体贴的男人就幸福，有的认为嫁个帅哥就是幸福。也就是说，每个人都有自己的"婚姻偏好"，所以女人在考虑婚姻大事时，一定要考虑嫁一个什么样的男人。尽管"金无足赤，人无完人"，你不可能嫁到十全十美的男人。但一

定要嫁个适合你自己的男人，你认为哪方面重要你就要优先考虑。你需要一个有钱的人，你就不要怕寂寞；你怕寂寞，就不要羡慕别人富裕的物质生活。所以走进婚姻之前，你最重要也是首先必须考虑的问题就是，想清楚你要嫁个什么样的人？什么样的人才适合你自己？

假如婚姻一步走错，就可能步步皆错，而且将会给你的一生带来痛苦。所以一定要找个自己熟悉了解的男人才可托付终身。和自己了解认可的男人结婚，婚后的生活才能和谐、愉快。

点亮人生

有人说女人有三条命，一条是爹妈给的，一条是老公给的，一条是孩子给的。婚姻，对女性一生的影响不言而喻。婚姻给女人的是一种生活状态、一种生活质量、一种生活感受、一种生活方式。什么样的心态决定什么样的生活态度，什么样的方式决定什么样的婚姻含金量。

婚姻使女性开始新的人生，它是女人的第二次生命。女人生命中最重要的莫过于婚姻了，甜蜜与忧伤，忍耐与欣慰，获得与失去，往往在婚姻中血肉相连，互生互长，无法割裂。人们常说："女人生得好，不如嫁得好。"嫁得好后半生也就过得好，否则凄风苦雨的日子将永无止境。这时候，男人可能会出来指责女人太功利，但现实就是这样证明，婚姻在某种程度上象征女人的第二次生命，往往决定着女人一生的幸福。因此，很多母亲，自己嫁得好的，一定要监督自己的女儿也找个好人家。自己嫁得不好，更是紧张女儿的选择，要把自己失去的也补回来。对于婚姻的慎重，就这样被一辈一辈地复制着。

想要什么样的生活，就去选择什么样的婚姻。从某种意义上来说，婚姻是女人半生的筹码。在张爱玲的笔下，婚姻甚至常常成为女人求生的砝码，无论是《金锁记》里的曹七巧，还是《沉香屑·第一炉香》里的梁太太，她们或嫁给久卧病榻的痨病鬼，或嫁给年逾花甲的富人，对她们来说，婚姻不过是生存的手段。从无到有、从贫到富、从下贱到高贵……女人似乎只有挖掘利用好自身的资源——花样年华这个"原始股"，迅速搭上欲望的快车，迅速奔向婚姻的股市。连张爱玲自己都说："一个女人再好，得不着异性的爱，也就得不着同性的尊重。没有婚姻的保障，而要长期抓住一个男人，是一件艰难的、痛苦的事，几乎是不可能的。"

男人对女人最大的爱就是给她归属，给她婚姻。我们身边经常会发生这样的事情：一个男人长年累月都处于一种稳定的关系中，看起来他也是真心爱这个女生。然而，说不定哪天，他抛下一句"我认为我不适合结婚"便逃之夭夭。但随后，他也许会迅速开始一段新的恋情。因此，对女人来说，世界上最珍贵的话不是"我爱你"，而是"在一起"。这个"在一起"不是同居，而是婚姻。

人们常说，选对朋友，快乐一生，选对伴侣，幸福一生。无论是什么样的女人，什么样的境况，也无论这个女人是独立还是传统，她的生活都少不了婚姻这一项。没有婚姻的女人，终究算不得完整的女人，终究算不得完整的人生。

生活是双方共同经营的葡萄园；两个人一同培植葡萄，一起收获

——罗曼·罗兰

智慧悟语

每个人的精力都是有限的，因此我们只能有选择地在人生的某一个方面进行发展，并且期望取得回报。人生是公平的，你付出多少努力，就会收获多少成果；你在哪个方面投入得越多，离你期望的结果就越接近。当然这其中的前提是，你必须使用正确的方法。婚姻生活也是如此。

爱情的投入，首先是时间的投入。没有谁的爱情是不经过时间的洗礼和考验就可得到的。要是想在爱情中得到收益，就必须投入大量的时间让自己去了解、接触对方，这个过程同时也是让对方了解自己、接纳自己的过程。人的一生极为短暂，投入大量的时间在爱情上，有人会感到不值。时间是人在感情上的一根主轴，而爱情是沿着这根主轴上下波动的曲线而前进。这个方向就是人生命的最终走向。不管怎么说，时间是爱情成本中最为重要，最为让人痛不欲生的投资。

其次，感情思想的投入也对爱情有着至关重要的作用。一个人不会无缘无故地爱上另一个人，这必须通过思想上、情感上的交流与互融。感情成本

是爱情成本里最为伤神、最为不好把握的一种投资。在这个世界上最输不起的投资就是爱情的投资。感情上的投资之大，也是任何商业的投资所不能比拟的。感情是一种液体，就好比是水，没有给爱情投资以前是满满一盆，一旦投入则如开泄的闸，很难收住。所以如果没有管理情绪的能力，那么一定要三思而后行。

点亮人生

一个女人想要婚姻幸福，除了嫁一个好老公外，还应该多花时间在婚姻的经营上，要不然这颗种子播种下去，得不到良好的照顾，接受不到阳光的照耀和雨露的滋润，就算是一颗万里挑一的良种，也结不出丰硕的果实。嫁对老公只是走向幸福的第一步，但是如果仅仅指望迈出这一步就能到达幸福的彼岸，也未免太痴人说梦了。嫁对老公之后，你还需要好好经营婚姻，让感情茁壮成长。男人也同样如此，不管娶的妻子多么贤惠，婚后也仍旧需要用心呵护。

要给婚姻施肥，不时地给彼此增加一些新的趣味，让婚姻时刻保持新鲜感。很多夫妻没有注意到这一点，女人在结婚之后就忙于家务，照顾孩子，男人在结婚后忙于赚钱养家；而忽视了俩人之间的感情交流。像谈恋爱一样，偶尔看场电影，偶尔吃顿大餐，偶尔去跳跳舞、散散步，每天只要简单的几个小时，能让两个人始终保持恋爱时候的亲密和情趣。

要给婚姻晒太阳，让感情在众人的见证下保持幸福。一段感情如果长期不见天日，会因为无法得到肯定而开始产生自我怀疑。现在越来越多的人在博客上"晒感情"，也是因为通过这样的方式，会让感情受到更多人的关注和祝福。同时，利用这样的方式提醒自己，这段感情对自己的重要意义，还会让夫妻因为受到众人的注视，而会努力为爱多做一些事情，并且把感情更好地经营下去。无形之中，会让两个人因为受到越来越多的肯定，而有越来越多的信心和动力，经营最美好的婚姻。

要给婚姻浇水。让两个人在婚姻中多一分理智的头脑和清醒的思维。过于炙热的感情需要冷静，这时相互泼泼冷水，可以让两个人看到彼此之间还有差异存在，还需要磨合，还有进步的空间。要避免激情一下子用完，使得两个人在之后的时间里，没有更大的潜力可供开发。当俩人的关系过于紧张，需要缓和的时候，也需要相互泼泼冷水，让彼此都冷静下来，可以回到各自的空间好好想想，心平气和地坐下来交流。感情中，最平淡的也是最隽永的是长久的厮守。

要给婚姻通风，再亲密的两个人也必须保留有各自的空间。形影不离的距离只会让两个人都感到透不过气。在结婚之后，两个人都还应该保留自己的朋友圈子，花时间在各自的人际交往上，不仅是为家庭打造更好的人脉关系，也是让夫妻之间保留一些新鲜感，不能因为终日四目相对，两两相厌，婚姻生活也因而显得平淡，最终厌倦。

要给婚姻除虫，及时消除杂念，保持忠诚的信念，会更好地帮助我们维护婚姻。在感情的世界里，人们总难免遇到一些诱惑。金钱的诱惑、美色的诱惑、自由的诱惑，都会像一条条蛀虫，借欲望之名啃噬掉人们看似牢固的信念，让外表看起来坚不可摧的感情内部千疮百孔，岌岌可危。所以及时地除虫便可以让这些欲望在对婚姻造成威胁之前就死亡、覆灭。要及时交流，并且相互给予鼓励，帮助对方战胜心魔，早日走出因为不满足而带来的不安和动摇。

要给婚姻松土，梳理俩人关系中出现的问题，制订未来家庭发展的计划。旧的问题不解决，会越积越大，最终成为俩人关系中的毒瘤，根深蒂固地驻扎在感情的根基，阻挠俩人关系的改善和发展。可以说旧的矛盾不解决，就会带来源源不断的麻烦。而如果能越早在关键问题上达成一致，俩人关系就越容易得到进步。这些关键问题包括家务问题、财务问题、孩子教育问题和赡养老人等。正是这些琐碎又重要的细节才构成了婚姻的主体。

如果你想要一个幸福美满的家庭，必须要多花时间在家庭的经营上，就像种瓜那样，投入最大的精力，才能种出最甜美、最成熟的瓜。

婚姻是两个人精神的结合，目的就是要共同克服人世的一切艰难、困苦

——高尔基

智慧悟语

婚姻对人生到底意味着什么？是不可缺少的环节，还是坟墓？婚姻是人生最重要的一步。它是人与社会与他人交往的重要形式。婚姻里的男女，可以共度时艰，共享安乐，连吵架也变得生趣盎然。但真正结婚之后，美满的家庭生活还需要耐心经营。要想使婚姻美满，家庭里就需要无名英雄。这位无名英雄就是有一方要做出牺牲，要敢做光鲜背后的那个角色。而且，一个好的妻子，懂得在丈夫失意的时候给予鼓励与安慰，在他得意的时候给予必要的警醒，好丈夫同样如此。

婚姻里的男女双方应该是最亲密的战友。他们的结合，本质上是寻求某种精神安慰。他们可以进行私密的情感对话，在交流中加深了解，在心灵上达成共识。由男女双方铸成的婚姻堡垒，是浮躁的社会中最能抵御流言蜚语的港湾。它给人以温暖、力量和前行的勇气。但真正投入其中的时候，还要学会经营。

点亮人生

想要婚姻幸福，就要学会一定的方法，比如不抱怨、不指责。对于一个家庭而言，彼此间的抱怨、指责可能就是婚姻不幸的源头。

据说，俄国大文豪托尔斯泰的夫人在临死前曾向女儿忏悔说："你父亲的去世，是我的过错。"她的女儿们没有回答，而是失声痛哭起来。她们知道母亲说的是实在话。父亲是在母亲不断地抱怨、长久的批评下去世的。

托尔斯泰曾经梦想把所有的田地赠给别人，自己去过贫苦的生活。他去田间工作、伐木、堆草，自己做鞋、自己扫屋，用木碗盛饭，而且尝试尽量去爱他的仇敌。他的妻子喜爱奢侈、虚荣，他却轻视、鄙弃这些。她渴望着显赫、名誉和社会上的赞美，托尔斯泰对这些却不屑一顾。她希望有金钱和财产，而他却认为财富和私产是一种罪恶。

好多年里，她吵闹、谩骂、哭叫，因为他坚持放弃他所有作品的出版权，不收任何的稿费、版税。可是，她却希望得到那方面带来的财富。当他反对她时，她就会像疯了似的哭闹，倒在地板上打滚。她手里拿了一瓶鸦片烟膏，要吞服自杀，同时还恫吓丈夫，说要跳井。他们开始的婚姻是非常美满的，可是经过48年后，他已无法忍受再看自己的妻子一眼。

一天晚上，这个年老伤心的妻子渴望着爱情。她跪在丈夫膝前，央求他朗诵50年前——他为她所写的最美丽的爱情诗章。当他读到那些美丽、甜蜜的日子——现在已成了逝去的回忆时，他们俩都激动地痛哭起来……

82岁的时候，托尔斯泰再也忍受不住家庭折磨的痛苦，在1910年10月的一个大雪纷飞的夜晚，脱离他的妻子而逃出家门——逃向酷寒、黑暗，不知去向。11天后，托尔斯泰患肺炎，倒在一个车站里。他临死前的请求是，不允许他的妻子来看他。这是托尔斯泰夫人抱怨、吵闹和歇斯底里所付出的代价。

刚刚步入婚姻的人们，尤其要提防对爱人的吵闹、抱怨等。基本上所有跨入婚姻殿堂的人都想得到幸福，但总有些不能如愿。不是因为他们对爱情不真诚，而是因为，他们没有真正懂得真诚的含义。那么什么才是真正的真诚？林语堂先生给出的答案是，夫妻间互相的体谅和包容，相互爱戴以及敬畏，只有这样，婚姻之树才能常青。有些人不涉足婚姻是害怕失去自由和乐趣，这样的人还没有懂得婚姻对人生的意义。有人说婚姻是爱情的坟墓。也有人说，如果死是不可避免的事，我宁愿死在坟墓里，也不愿横尸街头。

所以，大胆地拥抱婚姻吧，尽情体会它给人生带来的喜怒哀乐，生命也将从此绚丽多彩。

好的婚姻给你带来幸福，不好的婚姻则可以使你成为哲学家
——苏格拉底

智慧悟语

苏格拉底是一个相信爱情的人，但他对婚姻的态度与此不尽相同。他认为爱情与婚姻是两个完全不同的概念。当然，走向婚姻的过程中往往少不了爱情，但如果还以对待爱情的态度去对待婚姻无疑是不明智的。

诚然，由于个人经历的不同，苏格拉底对婚姻的态度不免过于悲观。但以不同的方式去对待爱情和婚姻的观点还是非常值得认同的。爱情侧重精神的感受，婚姻却是平淡的相处。我们也要适当调整自己的心态，去面对人生当中两个不同的阶段。

王子和公主走进结婚礼堂，故事戛然而止。"从此，他们幸福地生活在一起"。一句话而已，想来却又是那样的不易。实际上，婚姻生活远比爱情来得更长久、更细致、更现实。婚姻能够彻底地改变一个女人，从外表到内心。

爱情和婚姻的温度是不同的，爱情是滚烫的，而婚姻却是温凉的。许多人正是由于无法适应婚姻与爱情的温差，使双方的感情越来越疏远。

点亮人生

婚姻永远是由无数个琐碎的细节叠加而成的，所以说，琐碎的生活成就了爱情的永恒。在琐碎中，发现乐趣，在琐碎中互相谅解。

一位社会学博士生，在写毕业论文时糊涂了，因为他在归纳两份相同性质的材料时，发现结论相互矛盾，一份是杂志社提供的4800份调查表，问的是：什么在维持婚姻中起着决定作用（爱情、孩子、性、收入、其他）？90%的人答的是爱情。可是从法院民事庭提供的资料看，根本不是那么回事，在4800对协议离婚案中，真正因感情彻底破裂而离婚的不到10%，他发现他们大多是被小事分开的。看来，真正维持婚姻的不是爱情。

本来这位博士以为他选择了一个轻松的题目，拿到这些实实在在的资料后，他才发现《爱情与婚姻的辩证关系》是多么难做的一个课题。他去请教他的指导老师，指导老师说，这方面的问题你最好去请教那些金婚老人，他们才是专家。于是，他走进大学附近的公园，去结识来此晨练的老人。可是他们的经验之谈令他非常失望，除了宽容、忍让、赏识之类的老调外，在他们身上博士也没找出爱情与婚姻的辩证关系。不过，在比较中他有一个小小的发现，那就是：有些人在婚姻上的失败，并不是找错了对象，而是从一开始就没弄明白，在选择爱情的同时，也就选择了一种生活方式。

就是这种跟生活方式相关的小事，决定着婚姻的和谐。有些人没有看到这一点，最后使本来还爱着的两个人走向了分手的道路。走进婚姻，不意味着放弃爱情，虽然爱情是热烈的，滚烫的，但婚姻却是真实的，温凉的。其实，只要两者真正融合，你就会发现这才是人生最合适的温度。

第十五篇

家庭是爱的大学堂，痛的疗养地

PART 01
有一种爱让我们
泪流满面

母性的力量胜过自然界的法则
——芭芭拉·金索尔夫

智慧悟语

美国作家芭芭拉·金索尔夫曾说过："母性的力量胜过自然界的法则。"母性是本能的，它的产生没有任何原因和理由，有时是盲目的，也有时是夸张的，甚至是强制的。也正是因为这种无条件的本能才更显得母性的伟大。

对于"母性"人们给出的解释是这样的，认为那是从母亲身上体现出来的对子女本能的爱。是从母体中散发出来的共性，无论是动物还是人类。母性之所以伟大不只是为自己的下一代付出却不需回报、牺牲自我的无私精神，更是因为母性作为母爱的情感基础，甚至可以通过对下一代的关爱推广至对世间一切的爱。甚至有人认为，母性让世间少了纷争，多了关爱，世界是由母性维系在一起的。就人类而言，母亲从对孩子的爱出发，寻求母子间的和谐关系，

并将之推广到男女之爱、家庭之爱、人与人之爱，从而具备母性特质，不妨说，已为人母的女性更懂得爱，更珍惜爱。

点亮人生

母亲是伟大的，她传递着一种无私奉献、甘为人梯的爱，我们每个人在享受这种爱的时候要怀着一颗感恩的心，更重要的是将这种爱以自己的方式传递下去。

当2010年2月10日"感动中国"十大人物揭晓后，一个平凡而又伟大的母亲为人们所熟知，她就是被誉为"暴走妈妈"的陈玉蓉。

陈玉蓉的儿子叫叶海斌，从小被确诊为一种先天性疾病——肝豆状核病变，肝脏无法排泄体内产生的铜，致使铜长期淤积，进而影响中枢神经、体内脏器，最终可能导致死亡。2005年时儿子叶海斌的病情开始恶化，一天晚上，因为大吐血被紧急送往医院，医生诊断结果为叶海斌的肝已经严重硬化，需要做移植手术，否则很难说还能活多久。但30多万元的异体移植费用，对这家人来说，是个无法承受的天文数字。她选择了让儿子接受护肝保守治疗。

在陈玉蓉的精心照料下，叶海斌的病情得到很大改善。此后3年间，叶海斌结婚、生子，还找了份临时工。但是好景不长，2008年儿子的又一次大吐血被紧急送往医院抢救，虽然儿子的命一时保住了，但是因为病情严重，儿子处在生死的边缘，作为母亲，陈玉蓉愿意不惜一切来挽救自己的儿子，哪怕是用自己的肝来换儿子的性命。

陈玉蓉的老伴和儿媳都想为儿子叶海斌捐肝，但是都被陈玉蓉坚决地阻止，因为他们一个是家里的顶梁柱，一个年轻还带着孩子，未来的路还很长，陈玉蓉觉得自己为儿子做肝移植最合适。但是一件意外的事情让陈玉蓉捐肝救子的希望破灭，陈玉蓉的肝穿结果显示：重度脂肪肝，脂肪变肝细胞占50%~60%。这种情况，一般不适宜做肝捐赠，况且以儿子叶海斌的病情，他的肝脏必须全部切除，这样母亲就需要切1/2甚至更多的肝脏给儿子才行。可是，陈玉蓉患有重度脂肪肝，1/2的肝脏还不足以支撑其自身的代谢。就这样，陈玉蓉捐肝救子的手术不能进行。

陈玉蓉从医院出来后，下决心要减掉脂肪肝来挽救儿子，当天晚上就开始了自己的减肥计划。由于医生叮嘱减肥不能乱吃药，也不能剧烈运动，她选择了走路。走路的地方就选在离家不远的堤坝上，起点是谌家矶东坝的起点，走到堤坝的终点，走一个来回正好是5公里，陈玉蓉要早晚各走一次，这样就是一天10公里的路程。

早上5点天还不亮，陈玉蓉就在家里出发，晚上吃过晚饭就要出门，每天只吃青菜而且还是水煮的，常人会觉得难以下咽。有时陈玉蓉觉得太饿了，控制不住吃两块饼干，但是吃完后总会觉得很自责。

陈玉蓉就是这样一直坚信"只要多走一步路，少吃一口饭，就会离救儿子的那天近一点"。终于奇迹出现了，坚持了整整211天后，陈玉蓉已从68公斤减至60公斤，脂肪肝也没有了！这个结果让主治医生陈知水教授大为震惊，他当时只是为了安抚她，说只要努力，半年也许可以消除脂肪肝，没想到她真的做到了。这简直是个奇迹！在患者和医生的紧密配合下，陈玉蓉捐肝救子的愿望终于实现了。

听完陈玉蓉的事迹，没有人不为天下有这样伟大的母亲而感动，但陈玉蓉却觉得：任何一个母亲遇到这样的事情都会像她这样做，她只是做了一个母亲该做的事情。

陈玉蓉只是千千万万个伟大母亲中的一个代表，每个母亲身上都会散发着母性的光芒，而我们之所以要宣扬这种崇高的爱，是希望能将这种爱传递下去，去爱更多的人。

天伦之爱的特质，为爱而爱，没有条件

——柏杨

智慧悟语

当我们跌倒的时候，总有温暖的手来扶我们重新站立；当我们前行的时候，总有人用深情的目光注视我们。他们便是我们的父母。

父母对我们的爱，是没有条件的。正如柏杨先生所说："天伦之爱的特质，为爱而爱，没有条件。儿女腰缠万贯兼学问包天，固然爱得不得了；儿子是个白痴兼穷酸，同样爱得不得了。女儿美丽兼贤惠，固然爱之；儿子是个麻子脸兼歪嘴，更爱得不像话。"正是这种无条件的爱，往往会创造奇迹。

点亮人生

有位母亲第一次参加家长会。老师说："你的孩子有多动症，在板凳上3分钟都坐不了。"回家的路上儿子问母亲老师说了什么，她鼻子一酸，说："老师表扬了你，说宝宝原来在板凳上坐不了1分钟，现在能够坐3分钟了，宝宝有进步。"那天晚上，儿子破天荒吃了两碗米饭。

第二次家长会，老师说："你儿子数学考倒数第二，你最好带他到医院看一下是否智力有问题。"回家的路上，她哭了。回到家里，却对儿子说："老师说你并不是一个笨孩子，只要你能够细心些，会超过你的同桌。"儿子暗淡的眼神一下子亮了。第二天上学，儿子比平时起得都早。

初中时，又一次家长会，老师告诉她："按你儿子的成绩，考重点中学有点危险。"她还是告诉儿子："班主任说只要你努力，很有希望考上重点中学。"高中毕业，儿子把哈佛大学的通知书送给了妈妈，边哭边说："妈妈，我一直都知道我不是个聪明的孩子，是您……"

这时，她再也按捺不住十几年聚集在内心的泪水。

我们每个人在父母的心中都是一块无价之宝，在父母的眼中永远没有笨小孩。无论我们多么"笨"，多么"不争气"，能够真心接纳我们、不嫌弃我们的，只有两个人，那就是我们的爸爸、妈妈。

切默季尔的全家都住在山区，丈夫是个老实巴交的庄稼汉，除了种地一无所长。

一年前，切默季尔还一筹莫展，为无法给四个孩子供给学费暗自伤心。丈夫抽着闷烟安慰她："谁叫孩子生在咱穷人家，认命吧！"如果孩子们不上学，只能继续穷人的命运！难道只能认命？她不甘心。

　　当地盛行长跑运动，名将辈出，若是取得好名次，会有不菲的奖金。她还是少女时，曾被教练相中，但因种种原因未果。此刻，她脑中灵光一闪：不如去练习马拉松！但她已超过了25岁，没有足够的营养供给，且从未受过专业基础训练，凭什么取胜？冷静之后，她也胆怯过，可是除此之外别无他途。如果连做梦的勇气都没有，那永无改变的可能。丈夫最后也同意了她大胆的"创意"。

　　第二天凌晨，天还黑着，她就跑上崎岖的山路。只跑了几百米，她的双腿就像灌了铅一般。停下喘口气，她接着再跑。与其说是用腿在跑，不如说是用意志在跑。跑了几天，脚上磨出无数的血泡。她也想打退堂鼓，可回家一看到嚷着要读书的孩子，她又为自己的懦弱感到羞愧。不能退缩！她清醒地知道，这是唯一的希望！

　　训练强度逐渐增加，但她的营养却远远跟不上。有一天，日上竿头，她仍然没有回家，丈夫担心出事，赶紧出门寻找，终于在山路上发现了昏倒在地的妻子。尽管如此，她仍然没有放弃。经过近一年的艰苦训练，切默季尔第一次参加国内马拉松比赛，获得了第七名的好成绩，开始崭露头角。有位教练被她的执着深深感动，自愿给她指导，她的成绩更加突飞猛进。

　　终于，切默季尔迎来了内罗毕国际马拉松比赛。发令枪响后，切默季尔一马当先跑在队伍前列，一路跑来，有如神助，2小时39分零9秒之后，她第一个跃过终点线。那一刻，她忘了向观众致敬，趴在赛道上泪流满面，疯狂地亲吻着大地。

　　面对记者关于获胜动力的提问，她哽咽地说："因为我非常渴望那7000英镑的冠军奖金！有了这笔奖金，我的四个孩子就有钱上学了，我要让他们接受最好的教育，还要把大儿子送到寄宿学校去。"瞬间，场下响起雷鸣般的掌声，那是人们对冠军最衷心的祝贺，也是对母亲最诚挚的祝福。

　　正是母亲对子女的爱，令切默季尔冲破了所有的不可能，创造了奇迹。我们感动于切默季尔的同时，也应感动于我们的父母，他们虽然平凡至极，却用无声的大爱成就了如今的我们。我们应该向父母的伟大而无私的爱顶礼膜拜，应该永远牢记他们的恩情，用一颗赤诚的心去回报他们。

PART 02

我永远是你们的宝贝

动天之德莫大于孝，感物之道莫过于诚

——何铸

智慧悟语

"百善孝为先。"孝顺，是一切道德的根本，所有好品德的养成都是从孝行开始的。孝是一个人善心、爱心和良心的综合表现。孝敬父母，尊敬长辈，是做人的本分，是天经地义的事，也是各种品德养成的前提。一个人如果连孝敬父母、报答养育之恩都做不到，那他就不能称之为"人"，也会遭到社会的谴责和鄙视。

"孝"是回报的爱，古人常以"乌鸦反哺"来教育子女莫忘亲恩。父母生我、养我、育我，我们也应当爱之、惜之、怜之。儒家为孝道规定了各种条框，然而孝敬父母需要用条框来规定吗？爱父母、敬父母本是发乎情的内心诉求，它是一种浑然天成的情感。

点亮人生

乌鸦小时候，都是由乌鸦妈妈辛辛苦苦地飞出去找食物，然后回来一口一口地喂给它吃。渐渐地，小乌鸦长大了，乌鸦妈妈也老了，飞不动了，不

能再飞出去找食物了。这时，长大的乌鸦没有忘记妈妈的哺育之恩，也学着妈妈的样子，每天飞出去找食物，再回来喂给妈妈，并且从不感到厌烦，直至乌鸦妈妈自然死亡。

乌鸦尚且如此，更何况人呢？南怀瑾先生将父母比作两个照顾了我们二十年的朋友，如今他们老了，动不得了，我们回过来照顾他们，便是孝。

父母在我们成长的过程中无怨无悔地付出。当我们还是胚胎、尚未诞生时，就获得了来自父母亲人的深切感情和无尽期望。而我们降临到这个世界以后，父母生命的意义几乎大半落在了我们身上。随便问一个有子女的人："你生命中最重要的人是谁？"绝大多数人的答案都是"子女"。是呀，无数个平凡的父母之所以辛辛苦苦地工作，努力奋斗，一个重要的原因就是希望能够创造更好的发展空间，让子女过上幸福的生活。

在父母面前，我们永远是需要照顾的孩子。父母对我们总是倾其所有地付出。父母是我们人生中的一棵枝繁叶茂的大树，为我们遮风避雨，抵挡烈日风霜。年少时，我们爬上树干玩耍；疲倦了，靠在树上歇息。长大了，我们不愿与树玩耍了，树甘愿奉上丰硕的果实，为我们的人生和未来尽心尽力。要成家了，树奉献出自己的枝干，为我们建造一个属于自己的家。当我们想出外闯荡时，树会用自己的躯干为我们造艘乘风破浪的船；当我们疲惫不堪、伤痕累累地归来，即便树已只剩一个树桩，也会让我们安心地休息。父母总在无私地奉献着，我们的忧伤便是他们的忧伤，我们的快乐便是他们的快乐。我们在为自己的事业、家庭忙碌时，总是无暇顾及远方或身边的父母；当出现变故、陷入困境时，首先想到的便是年迈的父母。

不要在对父母予取予求之后，将其抛弃，那样，我们的人生将一片荒芜。我国古代有一首《劝孝歌》，里面有两句话："人不孝其亲，不如禽与兽。"语句直白而深刻，孝是一切道德和爱心的根源，是我们为人处世的根本，也是做人的基本要求。

在父母为我们付出那么多之后，如果我们连起码的回报都没有，谁还会相信我们心中有爱？一个心中无爱、冷酷无情的人，又有谁敢和他结交、谁愿和他结交呢？

父母在，不远游，游必有方
——孔子

智慧悟语

"父母在，不远游"，在中国流传着一种古老的传统习惯，如果父母健在，子女不可以出门远游。子女要守候在父母的身边，早晚请安，嘘寒问暖，尽其孝道，使年迈的双亲在晚年能够含饴弄孙，其乐融融，安享晚年。另外，古时候通讯交通不像现代社会这样发达，常年在外的人，如果有急事，想捎信给家人十分困难，一旦命丧他乡，承受丧子之痛的还是家里的二老双亲。所以，父母希望子女守在身边，能看到他们平平安安地长大，子女也能陪伴着父母，让他们健康快乐地度过晚年。就这样，便形成了"父母在，不远游"的孝道精神。

其实，"父母在，不远游"还有后句，在《论语·里仁》原文中是这样写的，子曰："父母在，不远游，游必有方。"意思是说"父母在世，不出远门。如果要出远门，必须要有一定的去处。"方，在这里是指方向，地方，处所。也指志向和目的。对"方"的理解有这样几点：

1. 若要离开家乡、父母去游历就一定要有方向、去处，并且告诉父母你的去向、出去。好让父母安心。

2. 出去游历要带有一定的目标、目的和意义。如果是去远方寻求知识，或是开创事业，作为父母虽然不舍得子女出行，但是儿女有所成就是他们最大的欣慰。当然他们渴望和子女朝夕相处的心情必须得到子女的理解。所以"游必有方"。当你们有收获之时不要忘记家里的父母。

点亮人生

身为子女，不要因为自己身在外地就让家中的父亲母亲感到寂寞。现在我们拥有了方便的通信工具，出门在外，除了要提前安顿好父母的生活起居，也一定要尽可能地安顿好家中父母挂念的心。

作为子女，特别是独生子女，成家立业后一定不要忘了父母已经年迈，他们也像童年时的我们一样需要有所依靠，不要让他们独自承受"空巢"的孤独与寂寞。

弟子，入则孝，出则弟
——孔子

智慧悟语

人们提到"孝"，先想到的是对父母和长辈的"孝顺"、"孝敬"，其实古人倡导的是"孝悌之道"。孝，指还报父母的爱；悌，指兄弟姊妹的友爱，也包括了和朋友之间的友爱。

"首孝悌，次见闻"为儒家文化所提倡，遵循"孝悌"之道是一切道德和爱心的根源，是一个人为人处世的根本。子曰："弟子，入则孝，出则弟，谨而信，凡爱众，而亲仁。行有余力，则以学文。"就是说，只有身体力行地去做到"孝悌"，如果还有精力，那么再去学知识，长见识。可见行"孝悌"的在人性中的重要地位。

点亮人生

俗话说："手心手背都是肉。"面对膝下的几个儿女，做父母的哪一个不爱？父母当然希望子女之间能和睦友爱地相处，在生活中能彼此扶持，共同幸福。因此，为人子女者，何必和你的兄弟姐妹争个高低，斗个输赢，和和睦睦地相处，才是对父母最大的孝顺。

传说黄帝以后，由部落联盟的首领统领着各个氏族，其中最有名的三个分别是尧、舜和禹。他们原本是其中一个部落的首领，后来受到各部落的推选成了部落联盟的首领。那个时候，部落联盟的首领会召集各个分部落的首领一起共商大事。其中一位尧，在他上了年纪后，便想找一个能继承他职位的人。有一次，他召集四方部落首领来商议推选继承人的事，有个名叫放齐的首领推荐尧的儿子丹朱做接班人，说丹朱是个开明的人，是继承首领位子的合适人选。

尧严肃地拒绝了，因为他觉得自己的儿子品德不好，喜欢跟人争吵，另一个叫讙兜举荐管水利的共工，他认为共工工作做得认真负责，没有差错。尧摇头表示不行，共工虽然工作能力强，能说会道，但表面恭谨，心里却是另一套。这样的人不适合做部落联盟的首领。这次讨论没有结果，尧继续物色他的继承人。

一段时间后，尧又将各部落首领召集到一起商议继承人的问题，这时有人推荐舜，尧只听说过舜的为人很好，但并不知道舜的具体情况，他要求大家

能把舜的情况说清楚。于是他们开始讲述有关舜的事情。舜的父亲糊涂透顶，人们叫他瞽叟。舜的生母死得早，继母又很坏。继母生的弟弟名叫象，十分傲慢，由于瞽叟过分地宠爱他，使他养成了败坏的性格。舜虽然生活在这样一个家庭里，但是他始终待他的父母、弟弟很好。大家都认为舜是个德行极好的人。尧听了非常高兴，决定考察舜一下。他把自己两个女儿娥皇、女英都嫁给了舜，还替舜筑了粮仓，分给他很多牛羊。那继母和弟弟见了，又是羡慕，又是妒忌，和瞽叟一起用计，几次三番想暗害舜。

一次，瞽叟指使舜去修补粮仓的顶，想放火把舜烧死。舜在仓顶一见起火，想找梯子，但梯子已被他同父异母的弟弟象撤走了。幸好舜随身带着两顶遮太阳用的笠帽。他双手拿着笠帽，像鸟张开翅膀一样跳下来，舜轻轻地落在地上，毫发未伤。虽然这次行害没有成功，但是瞽叟和象并不甘心，他们又叫舜去挖井。舜下井后，瞽叟和象就在地面上把一块块土石丢下去，把井填满，想把舜活活埋在里面，没想到舜下井后，在井边掘了一个孔道，钻了出来，又安全地回家了。

象对舜脱险毫不知情，得意扬扬地回到家里同瞽叟描述经过，认为舜已经死了，他们可以分掉舜的财产，说完，他向舜住的屋子走去，哪知道，舜正坐在床边弹琴呢。象心里暗暗吃惊，嘴上却说着奉承的话，舜也装作若无其事，非但没有怪罪弟弟，还说他想要弟弟帮忙料理自己的一些事物，舜的行动感动了象也感化了继母和他的父亲，之后，舜还是像过去一样和和气气对待他的父母和弟弟，瞽叟和象也不再暗害舜了，一家人和睦的在生活在一起。

尧听了大家介绍的舜的事迹，又经过考察，认为舜确是个品德好又挺能干的人，就把首领的位子让给了舜。

舜的孝悌之举打动了尧和其他部落的首领，才使得尧决定将首领的位子禅让给舜，也同样是舜一直奉行着孝和悌才感化了父亲、继母还有他的弟弟象，同时也得到了家人的敬重和关爱。

我们奉行的"孝悌"并不是愚孝愚悌，而是一种相互式的"父慈子孝，兄友弟恭"。兄弟之间的谦恭有序应该是一种彼此的感化。

我们不要把兄弟简单地认为是有血缘关系的同辈，"四海之内皆兄弟也"，同侪之间学会彼此友爱，相互尊重会让我们感受到人与人之间相处的和谐融洽。

PART 03
溺爱是对孩子最大的害

爱之，能勿劳乎？忠焉，能勿诲乎

——孔子

智慧悟语

孔子的这句话与教育有关，也与个人修养有关。真爱一个人，以自己的孩子为例，但太溺爱、太宠爱就会害了他。这个"劳"并不一定是让他去劳动，而是要使他知道人生的艰难困苦。

人类最大的特征之一，就是对儿女爱护的时间太久，而且爱护得简直没有完，从儿女呱呱坠地，直到儿女长大成人，更一直延伸到儿女的下一代，再下一代，以及再下下一代无不十指连心……人类太深的爱，无微不至的爱，会产生奴隶；没有节制的爱，没有公平的

爱，会产生叛逆。无论奴隶或叛逆，对人对己，都是灾难。

对儿女的爱固然可贵且动人，但也不能一味地爱护，并不是一味地宠爱便能造就一个理想的人才，也不是衣食的丰足便能换来一个完美的人生。

点亮人生

培养孩子，就要让他知道，一分一厘来之不易，懂得了做人做事的艰辛，便会对自己的人生负责。教育孩子应该培养他们独立的意志品格，不能娇生惯养，因为溺爱只能生害。孩子只有依靠自己的努力掌握今后立足于社会的本领，才能真正地在离开父母的庇护后，成为独立的个体，展翅高飞。

有人说，中国的孩子很累，中国的父母更累。因为他们只有一个孩子，不想让孩子"输在起跑线上"。于是，家长们从孩子一出生就开始为他们设计好了人生。不幸的是，作为传承性很强的家庭教育，今天的父母并没有太多可以借鉴的经验。在这种情况下，父母为孩子设计好的人生计划，很有可能是自以为是的规划。

人们通常会陷入一个误区，喜爱某人，便想尽自己所能让他过得更好，对子女尤其如此。其实，真正对他好，就应该让他学会更好地面对自己的生活与人生。老舍先生写过一篇叫作《艺术与木匠》的文章，其中有这么一段："我有三个小孩，除非他们自己愿意，而且极肯努力，做文艺写家，我绝不鼓励他们，因为我看他们做木匠、瓦匠或做写家，是同样有意义的，没有高低贵贱之别。"他在给妻子的一封信里谈到对孩子们的希望时写道："我想，他们不必非入大学不可。我愿自己的儿女能以血汗挣饭吃，一个诚实的车夫或工人一定强于一个贪官污吏，你说是不是？"

爱他，更要让他懂得生活的辛劳；已经能够忠诚对事，也需要对其进行教诲。比如，孩子跌一跤，让他自己爬起来，让他觉得一个人成长的道路是曲折的，绝不会一帆风顺；让孩子在看到自己国家的国旗时，注目两分钟；带孩子去动物园，主要是为了获得知识；带孩子到公园、森林去，让他们喜欢绿色，让他们热爱生命；让孩子懂得，认真为人做事，要成为每一个人生活中的好习惯；即使你的经济状况很好，也要鼓励孩子用自己的双手去劳动挣钱，让孩子自己支付部分学习费用，或支付保险费用；鼓励孩子在１６岁以后，在放假期间找一个钟点工的工作，做一些力所能及的事；教育孩子尊敬老人、军人、警察、消防员、环卫工人、教师和医生；让孩子学习音乐，学会听懂贝多芬、肖邦、莫扎特等一切可以引以为豪的好作品；鼓励孩子上台演说、演唱、跳舞、朗诵……

父母是孩子人生道路上的第一任老师，让孩子学会面对人生旅途中的种种问题，学会承担起自己应负的责任，让他懂得人生的艰难困苦，才能让他真正地成才成人。忧劳兴国，逸豫亡身。根基不稳的植物，在外界的压力下，不易存活；而夹缝中的小树，却能傲立风霜而不倒。爱子情切的父母，唯有让自己心中最宝贝的花朵早日远离温室，才能绽放最美的一面。

打开笼门，让鸟儿飞走，把自由还给鸟笼

——非马

智慧悟语

作为父母，应该除掉多余的担心，尽可能让孩子接触到各类东西，让孩子自己去体验各种各样的经历。每个孩子都有自己的选择方式，都有自己的想法，都有自己的定位，每个孩子的世界都是一个相对独立的世界。对生活的环境，孩子们已经逐渐形成自己的一套处事方式，家长不要过于强求孩子不愿做的事情。如果父母使用命令的方式，强制性地要求孩子什么可以做，什么不可以做，会让孩子陷入无奈的境地，导致他们更多的反抗。相反，如果父母在自己的要求中带有尊重，维护孩子的自主性，给孩子一定的自由，孩子对父母的反抗就会少一些。何乐而不为呢？

点亮人生

我们的父母最应该做的是：打开笼门，把自由还给"鸟儿"和"鸟笼"。也许当你打开笼门，鸟儿反倒愿意回来了。因为敞开的鸟笼已不再是牢房，而成了一个温暖的窝。

走进美国超大公司纽约总部，首先映入眼帘的是办公室门口摆着的一个漂亮的鱼缸。鱼缸里十几条杂交鱼开心地嬉戏着，它们长约三寸，脊背一片红色，头尤其大，长得很是漂亮。进进出出的人几乎都会因为这些美丽的鱼而驻足停留。两年过去了，小鱼们的"个头"似乎没有什么变化，依旧三寸长，在

小小的鱼缸里游刃有余地游来游去。

这一天，公司总裁的儿子来找父亲，看到这些长相奇特的小鱼，很好奇，于是非常兴奋地试图去抓出一只来。慌乱中，鱼缸被他推倒在地，碎了，鱼缸里的水四处横流，十几条鱼可怜巴巴地趴在地上苟延残喘。

办公室的人急忙把它们捡起来，但是鱼缸碎了，把它们安置在哪呢？人们四处张望，发现只有院子中的喷泉可以做它们暂时的容身之所。于是，人们把那十几条鱼放了进去。

两个月后，一个新的鱼缸被抬了回来。人们纷纷跑到喷泉边捞那些漂亮的小鱼。十几条鱼都被捞起来了，但令他们惊讶的是，仅仅两个月的时间，那些鱼竟然由当初的三寸长疯长到了一尺。

对于鱼的突然长大，人们七嘴八舌，众说纷纭。有的说可能是因为喷泉的水是活水，最有利于鱼的生长；有的说喷泉里可能含有某种矿物质，是它促进了鱼的生长；也有的说是那些鱼可能是吃了什么特殊的食物。但无论如何，都有共同的前提，那就是喷泉要比鱼缸大得多。

养在鱼缸中的鱼，三寸长，不管养多长时间，始终不见鱼生长。然而，将这种鱼放到水池中，两个月的时间，原本三寸的鱼可以长到一尺。后来人们把这种由于给鱼更大的空间而带来更快成长的现象称为"鱼缸法则"。

其实教育孩子和养鱼是同样的道理，孩子的成长也需要足够的自由空间。而父母的保护就像鱼缸一样，孩子在父母的鱼缸中永远难以长成大鱼。要想孩子健康强壮地成长，一定要给孩子自由活动的空间，而不让他们拘泥于一个小小的"鱼缸"里。

随着孩子的成长，父母应该给孩子越来越多的自由来控制自己的生活。父母必须有意识地要求自己，甚至是克制自己，不要有那种什么事都为孩子做的想法和冲动，给孩子充分的空间，让孩子早日走出"鱼缸"，回归大海，学会自己的生存方式。

简单不一定最美，但最美的一定简单。

——普兰特

心灵纯洁的人，生活充满甜蜜和喜悦。
——列夫·托尔斯泰